W0054465

Robert W. Haas

Der Tierheiler

Von einem, der auszog,
die Tiere zu heilen

Aquamarin Verlag

Deutsche Originalausgabe
2. Auflage 2018
© Aquamarin Verlag GmbH
Voglherd 1 • D-85567 Grafing

Umschlaggestaltung: Annette Wagner unter Verwendung von:
© FCSCAFEINE/ 423355195 – shutterstock.com

Druck: Ebner & Spiegel • Ulm

ISBN 978-3-89427-792-5

Inhalt

Nach dem Grundgedanken
des heiligen Franz von Assisi (1181/82 – 1226):

„Gott wünscht, dass wir den Tieren beistehen,
wenn sie Hilfe bedürfen.
Ein jedes Wesen in Bedrängnis hat gleiche Rechte auf Schutz."

widme ich dieses Buch allen Tieren,
die körperliche, geistige oder seelische Hilfe
von uns Menschen benötigen.

Geleitwort

Als Chefredakteur und Herausgeber einer spirituellen Zeitschrift habe ich es von Berufes wegen mit alternativen Heilverfahren und unkonventionellen Lehren am Rande der Wissenschaft zu tun. Schier täglich erreichen mich Hinweise und Angebote mit verlockenden Versprechen. Wenn die Welt noch zu retten ist, so haben die vielen Begeisterten, die mich mit Meldungen über ihre neuen Entdeckungen und Durchbrüche versehen, dieses Wunder gewiss längst vollbracht. Mit anderen Worten: In meinem Beruf muss man auf die Länge ganz schön aufpassen, nicht alles lächerlich zu finden und dem Zynismus zu verfallen. Da korrespondiert wohl die Schwärze der Weltlage mit der Verblendung, der viele Positivdenker, Lichtarbeiter und Quantenheiler im Überschwang ihrer Begeisterung verfallen.

Unter diesen Vorzeichen tut es ungemein gut, einem Menschen wie Robert Haas zu begegnen. Ich kenne den Autor dieses Buches nun seit ein paar Jahren, und ich freue mich jedes Mal, wenn wir Zeit zum Austausch finden. Obwohl er als Tierheiler auf einem Feld arbeitet, in dem es von Projektionen und hochfliegenden Hoffnungen wimmelt, ist Robert ein Mensch, der mit beiden Beinen fest auf dem Boden steht. Das müsse so sein, hat er mir eben erklärt, denn wer von oben heilende Energie empfange, um sie durch Herz und Hände weiterzuleiten, der solle mit seinen Füßen solide im Boden verwurzelt sein.

Wie das geht, hat Robert Haas in Kursen erlernt. Das Wichtigste dazu hat er jedoch mitgebracht, woher auch immer. Von Kindesbeinen an fühlte er sich zu Tieren hingezogen und begegnete ihnen unbefangen als Freund. Zum Entsetzen seiner Eltern näherte sich Klein-Robert kläffenden Riesenkötern und umarmte die aufgebrachten Tiere, ohne dass ihm je etwas geschah. Als er es mit Pferden zu tun bekam, legte er sich eines Tages neben ein ruhendes Tier in die Boxe und schlief an der Seite des Pferdes ein. Beim Erwachen erblickte er hinter sich Erwachsene, die ihm durch Gesten und Flüstern bedeuteten, er solle sich unverzüglich aus dem Gefahrenbereich stehlen. Das tat er, doch das Pferd neben ihm war längst wach gewesen; aus Rücksicht auf den Knaben hatte es gezögert, sich zu erheben.

Das alles und einiges mehr kam Robert Haas wieder in den Sinn, als er ein reifer Mann war und von außen besehen eine formidable Karriere hingelegt hatte. In der Pharmaindustrie. Die Arbeit als Vertreter, als Product Manager und Marktforscher hatte ihn ausgelaugt bis auf die Knochen. Er musste sich mehreren Operationen unterziehen, die feinstoffliche Heilbehandlung einer Nonne – einer Nachbarin im kleinen Bauerndorf, in dem er mit seiner Partnerin heute noch lebt – verschaffte ihm vorübergehend Linderung. Das passte damals zwar nicht zu seinem Weltbild, doch die Erfahrung wies ihm eine neue Richtung.

Bald fand er heraus, dass es von der Heilmethode, die ihm selber gut getan hatte, auch eine Variante zur Anwendung mit Tieren gab. Damit begann für den einstigen Mitarbeiter der Pharma eine neue Art von Tierversuchen. Zum Beispiel in Frankreich auf einem Pferdehof, wo er hinfuhr, um sich ein neues Reitpferd zu beschaffen. Auf dem Hof gab es etliche weitere Tiere. Vom letzten Besuch dort war ihm ein Paar Gänse in Erinnerung. Jetzt sah er nur noch ein einzelnes Tier. Die andere Gans habe der Fuchs geholt, so erfuhr er. Da ging er in die Hocke und sprach dem vereinzelten Tier spontan Trost zu. Die Gans kam stracks auf ihn zu, hüpfte ihm aufs Knie und schmiegte ihren Kopf an seinen Hals. So konnte er das Tier eine Weile bei seinem Herzen halten und es weiter trösten.

Ich bin mir sicher: Tiere sind unbestechlich, die lassen sich nichts vormachen. Sie suchen die Nähe dieses Mannes, weil sie instinktiv spüren, dass seine Berührung ihnen gut tut. Robert Haas hat auch schon mehrfach erlebt, dass sich ein Tier, dem er die Hand auflegt, leicht bewegt und seine Haltung verändert, damit die Energie eine andere Stelle erreicht als die vom Behandler intendierte. Das Wort «Behandler» ist hier mit Bedacht gewählt. Es entspricht dem Selbstverständnis dieses Mannes, der sich hier als «Tierheiler» bekannt macht. Robert liegt viel daran zu betonen, dass nicht er es ist, der heilt, sondern eine Kraft, die durch ihn fließt und der er sich zur Verfügung stellt.

Und ich bin mir sicher, dass der Autor gerade auch mit dieser Haltung seinen Mitmenschen enorm gut tut. Mögen uns die Augen aufgehen für das viele, was Tiere uns zu lehren haben. Mögen wir uns uneingeschränkt öffnen für die heilende Kraft, die nur darauf wartet, durch uns wirken zu können. Möge dieses Buch viele Herzen erreichen.

Martin Frischknecht

Winterthur, 1. Juli 2017

Einführung

Viele von Ihnen werden sich vielleicht fragen, wie ich mit über fünfzig Jahren dazu komme, solch einen geistigen Weg zu wählen, oder wie ich überhaupt meine Gabe, diese feinstoffliche Energie zu spüren, herausfand. Um seine Komfortzone zu verlassen und einen neuen Weg zu beschreiten, braucht es oft nicht einmal besonders viel Mut, sondern nur ein schmerzhaftes oder tiefgreifendes Ereignis. Wenn wir nicht auf unseren Körper hören, dann werden wir oft von einer Krankheit zur Ruhe gezwungen, und wenn wir nicht auf unser Schicksal achten, dann zerrt es uns regelrecht auf den richtigen Weg zurück. Das Schicksal hat auch mir ziemlich deutlich den richtigen Weg gezeigt. Es war schmerzlich, doch notwendig, damit ich endlich meine Augen auf MEIN Leben richte. Diese persönliche Erfahrung beschreibe ich im ersten Kapitel dieses Buches, in der Hoffnung, dass sie einigen Lesern helfen kann, ihren eigenen Weg zu finden. Es ist nie zu spät dafür.

Und natürlich möchte ich ihnen meine Erfahrung mit unseren geliebten Tieren näherbringen. Tiere sind für mich die unverzichtbaren Begleiter der Menschen, und ich könnte ohne sie nicht wirklich leben. Das zweite Kapitel dieses Buches ist für mich daher der wichtigste Teil überhaupt. Tiere schenken mir Liebe und Ausgeglichenheit. Sie sind geistige und seelische Wesen, unverdorben und natürlich, und zeigen mir, wie wir eigentlich leben sollten – in Harmonie mit der Natur und unserem Planeten. Und: Sie sind meine Lehrer! Wäre der Mensch biologisch wirklich ein Tier, würde unsere Welt ganz anders aussehen. Die „Krone der Schöpfung" ist für mich nicht der Mensch, sondern es sind die Tiere und auch die Pflanzen. Der Mensch hat so vieles zerstört, dass es an der Zeit ist, umzudenken und dafür zu sorgen, dass unsere Brüder wieder einen natürlichen Lebensraum bekommen, in dem wir respekt- und liebevoll zusammenleben können.

Wer oder was auch immer dahinter steckt, eine Heilung kann beeinflusst oder beschleunigt werden, wenn die Körperenergien oder Lebenskräfte sich im Gleichgewicht befinden und auch ein genügend hohes Niveau aufweisen. Die Energie, welche bei einer Behandlung fließt, transportiert eine gezielte Heilungsinformation für unsere Zellen oder unseren Geist, damit die gewünschte Heilung auch eintreten kann. Ich vergleiche es oft mit einem Beinbruch: Die gängige – und sinnvolle – medizinische Therapie ist es, einen Gips oder eine Schiene anzubringen, um sicherzustellen, dass beide Teile des gebrochenen Knochens wieder gerade zusammenwachsen. Doch damit ist der Bruch noch nicht geheilt (auch ein Arzt ist also kein „Heiler"), denn nun lässt der Körper den Knochen langsam wieder zusammenwachsen, ohne jeglichen fremden Einfluss. Diese Selbstheilungskraft sollten wir nicht unterschätzen. Daher erkläre ich auch immer den Menschen, die mich rufen, dass ich sie oder ihre Tiere behandele, die Heilung dann aber von letzteren ausgeht. Ich behandele also und heile nicht – ich bin nur das Instrument einer höheren Kraft. Wer mich im Internet sucht, sollte daher nicht nach einem Heiler suchen, sondern nach einem „Behandler" oder nach: *„Energetische Behandlung von Tieren"* (ebvt).

Ich werde auch immer wieder gefragt, wo die heilende Energie – die durch mich fließt – herkommt und wie sie solche erstaunlichen Resultate zeitigen kann. Damit beschäftige ich mich im dritten Kapitel dieses Buches. Es gibt sehr viele spannende

Bücher zu diesem Thema, und daher verweise ich auch sehr oft auf die Ansicht von anderen Heilern, von Medizinern oder gar Forschern, welche auch mir die Augen geöffnet haben. Meine Erfahrung und meine persönliche Meinung wollte ich Ihnen natürlich nicht vorenthalten, obwohl diese vielleicht diskutabel ist. Ich kenne nicht die „absolute" Wahrheit bezüglich der geistigen Welt und kann daher einige Sachen einfach nur so beschreiben, wie ich sie bis jetzt erlebt habe. Jeder von uns erfährt Geistiges in seiner eigenen Art und Weise, und nichts davon ist wirklich richtig oder falsch: Es ist einfach subjektiv an uns gebunden. Die Quantenphysiker würden sagen, dass jeder von uns seine eigene Realität erlebt. Das tue natürlich auch ich.

Es gibt viele mächtige Energien um uns herum, doch eine feinstoffliche Energie verbindet alle Lebewesen: Die einen nennen sie Gott, die anderen „das Universum" oder den „Großen Geist". Der Biologe Rupert Sheldrake spricht von morphogenetischen Feldern und der Mediziner Larry Dossey vom „Einen Geist". Diese Kraft existiert überall und durchdringt uns alle. Sie verbindet uns und hilft uns, wenn wir darum bitten. Sie besitzt die Kraft, vieles zu heilen, wenn wir es nur wollen und ihre Hilfe auch zulassen. Tiere spüren sie wahrscheinlich besser als Menschen und reagieren sehr gut darauf. Ich selbst bitte diese Energie um Hilfe und leite sie dann in Tier oder Mensch, denn jedes Lebewesen bekommt dadurch die notwendige Kraft zur Selbstheilung. Den *Tierheiler* gibt es also tatsächlich, nur lebt er nicht auf der Erde und ist kein Mensch ... Was unser Geist mit Geistheilung zu tun hat, versuche ich im vierten Kapitel aufzuzeigen. Hier trifft die Wissenschaft auf die Spiritualität. Was heute vielleicht anders benannt wird, ist in alten spirituellen Texten bereits beschrieben. Wissen bestätigt Glaube? Oder wie kam die Evolution dazu, auch Tiere als Seelenwesen zu betrachten?

Es ist mir wichtig, dass alle Leser verstehen, was ich – als ganz normaler Mensch – hier zum Ausdruck bringen möchte. Nicht alles ist schwarz-weiß, hell oder dunkel oder gut oder schlecht. Die Grenzen sind oft fließend, und Ansichten sind subjektiv. Was ist richtig? Was ist falsch? Jeder von uns hat seine eigene Meinung dazu, da jeder von uns sein eigenes Leben (er-)lebt und mit seinen eigenen Sinnen wahrnimmt. Nicht alles, was wir sehen, „ist" auch so. Materie ist nur eine langsame, dichte Energieform, die wir als Materie bezeichnen – so wie wir sie mit unseren Augen wahrnehmen. Betrachten Sie, sehr vereinfacht dargestellt, um dies zu verstehen, Wasser. In flüssiger Form hat es eine gewisse Energie, und die Atome sind ziemlich beweglich. Erhitzen Sie dieses Wasser (fügen Sie ihm Energie zu) und es wird einen viel größeren Raum einnehmen, in Form von Dampf. Die Atome schwingen nun viel schneller und sind viel beweglicher als in der Wasserform. Gefrieren Sie dieses Wasser (entziehen Sie ihm Energie), und die Atome werden sich kaum noch bewegen: Sie haben feste Materie erschaffen. Doch wie „sieht" eine Biene, eine Katze, ein Zugvogel oder ein Wal unsere materielle Welt? Sehen sie die Welt wie wir, also nur die Materie? Oder sehen sie auch das Bewegliche? Sehen sie zum Beispiel das starke Magnetfeld unseres Planeten, das für unsere Augen unsichtbar ist? Gibt es alles, was wir nicht sehen können, tatsächlich nicht oder wird es nur von einigen Menschen negiert, weil sie keine „wissenschaftliche" Erklärung dafür haben? Wissenschaft und Glaube kommen sich, nach einigen Jahrhunderten, wieder näher und polarisieren dadurch die Meinungen. Wo hört das Wissen auf und wo beginnt der sogenannte Aberglaube? Und noch wichtiger in meinen Augen: Wo liegt die „Realität" dazwischen? Was ist Realität für welches Lebewesen? Gibt es auch eine geistige Realität neben der materiellen? Oder entdeckt die Quantenphysik die geistige Kraft wieder?

Vielleicht kommt tatsächlich wieder ein „Goldenes Zeitalter" auf uns zu, doch sollten wir nicht darauf warten, sondern dazu beitragen, dass es auch eintritt. Wir sollten die „goldenen Gründer" sein und sicherstellen, dass unsere, zu lange unterdrückte, Spiritualität wieder aufblüht. Das ist das Fünfte Kapitel des Buches. Hier möchte ich zeigen, dass wir, wenn wir unsere Augen öffnen, einen Wandel in unserer Gesellschaft beobachten können. Was noch vor zwanzig oder dreißig Jahren völlig tabu war, wird heute zunehmend anerkannt oder zumindest diskutiert. Die härtesten Materialisten in meinem Umfeld erzählen mir, dass sie schon ein paar Male bei einem Naturheilarzt waren; und die Wirkung hat sie sowohl erstaunt als auch überzeugt. Viele Menschen wissen nicht, wie eine energetische Heilung stattfinden kann; aber sie merken, dass sie stattfindet. Das ist schon ein großer Schritt in ein neues Zeitalter.

Ich hoffe, dass dieses Buch – einfach und ehrlich anhand meines Erlebens dargestellt – viele Menschen, die ihren Weg durchs Leben suchen, unterstützen sowie neue Horizonte zur Behandlung ihrer Lieben aufzeigen kann. Energetische Behandlungen sind nicht die "eierlegende-Woll-Milch-Sau" und sie sollen daher auch nicht andere Behandlungsmöglichkeiten ersetzen. Ihr Platz ist jedoch wertvoll inmitten all der bisher bekannten Möglichkeiten, um die Gesundheit unserer lieben Tiere zu verbessern, und „Healing Touch for Animals"® ist die einzige sanfte und feinstoffliche Behandlungsmethode, welche speziell für Tiere entwickelt wurde. Es würde mich freuen, wenn viele Menschen durch dieses Buch entdecken können, dass es eine weitere Möglichkeit gibt, ihren Lieblingen bei ihren Gesundheitsproblemen zu helfen.

Es gibt Grenzen, die wir – wenn wir uns geistig öffnen – überschreiten können, auch wenn wir es bisher nicht für möglich hielten. Es gibt aber auch Grenzen, die wir leider nicht überwinden können. Zum Beispiel: Alle Tiere und Menschen haben ein endliches Leben, und auch ich kann nicht verhindern, dass es irgendwann endet. (Ich kann den Übergang jedoch energetisch unterstützen). Was im sogenannten „großen Buch" (Schicksal) eines Lebewesens steht, kann wahrscheinlich nicht verändert werden!

Nur was nicht zum Karma eines Tieres oder eines Menschen gehört, können oder dürfen wir beeinflussen. (Das ist meine persönliche Meinung – und die von einigen anderen Menschen.)

Ich bin ebenso überzeugt, dass Ärzte oder Tierärzte bei physischen Leiden immer als Erste hinzugezogen werden sollten! Auch wenn man gegen die moderne westliche Medizin oder „Chemie" eingestellt ist, so hat sie doch ihren festen Platz in jeder Diagnose und Behandlung. Wer nur auf eine Behandlungsmethode schwört, verschließt sich viele Türen. Im 21. Jahrhundert sollten wir offener sein und vermehrt auf Komplementarität setzen, denn jede Heilmethode hat Vor- und Nachteile. Mit einer energetischen Behandlung zu beginnen, macht für mich persönlich Sinn, wenn es um Angst, Trauma, Trauer oder Schmerz geht, also um eine psychische Störung. Bei Leiden physischen Ursprungs ist es wichtig, dieses auch physisch zu behandeln: Zum Beispiel durch Chirurgie. Eine energetische Behandlung kann Chirurgie nicht ersetzen – aber unterstützen.

Noch eine Anmerkung: Ich schreibe hier über wirklich stattgefundene Behandlungen von Tieren und auch von einigen Menschen. Kein Tier oder Mensch wurde erfunden; sie existieren oder existierten alle. Damit diese anonym bleiben, habe ich bewusst und respektvoll deren Namen geändert oder weggelassen. Ich möchte damit eine selbstauferlegte Schweigepflicht über meine „Patienten" aufrechterhalten. Die Privatsphäre und die Ruhe dieser Tiere und Menschen sind mir wichtig. Unsere eigenen Tiere habe ich mit ihren wahren Namen beschrieben, jedoch bitte ich die Leser, auch deren Privatsphäre zu respektieren. Ich danke allen für ihr liebevolles Verständnis und lade Sie nun ein, mit mir in eine geistig-energetische und doch so reale Welt einzutreten.

1

Wie kommt man dazu, Tiere heilen zu wollen?

Tieren zu helfen oder sie zu beschützen, ist heute ein wichtiges Anliegen für viele Menschen in der westlichen Welt, und es gibt viele Wege, dies zu tun: Streunende Tiere aufzunehmen und zu pflegen, Tiere gegen Wilderer zu schützen, die natürliche Umwelt mancher Tierarten zu schützen oder Tierarzt oder Tierpfleger zu werden. Ich selbst beschloss, einen anderen Weg zu gehen und die Gesundheit der Tiere durch energetische Behandlungen zu unterstützen. Doch wie kommt jemand, der bereits über Fünfzig ist, überhaupt dazu, solch einen Schritt zu wagen? Auch ich erwachte nicht eines Morgens und entschied mich plötzlich, Tierheiler zu werden. Auch bin ich nicht der Typ, der schon als kleines Kind genau wusste, was er einmal werden wollte. Im Gegenteil! Ich habe ein Leben lang viele „Zeichen" übersehen oder überhört, und das Schicksal benötigte schon den Holzhammer, um mich aufzuwecken und in die richtige (vorgesehene?) Richtung zu lenken. Warum also gerade Tierheiler? Und warum gerade ich?

Tierliebe als Kind – erste Zeichen

Irgendwann stellte ich mir folgende Frage: Hatte ich schon als Kind und habe ich heute noch wirklich eine besondere Beziehung zu Tieren? Menschen in meinem näheren Umfeld haben mir dies immer und immer wieder bestätigt. Rückblickend über einige Jahrzehnte, kann ich selbst diese Frage heute mit einem ziemlich klaren „Ja" beantworten. Früher dachte ich, dass dies nichts Spezielles sei, da es doch bestimmt bei allen Menschen der Fall wäre. Doch über Jahrzehnte hatte ich immer wieder Erlebnisse, die mir zeigten, dass viele Tiere mir eine große Sympathie entgegenbrachten, oft zur großen Verwunderung ihrer Besitzer. (Das Wort „Besitzer" stört mich etwas, doch darauf komme ich später noch zurück.) Als ich zum Beispiel einmal auf einem Hof bei Freunden war, erfuhr ich, dass nur noch eine ihrer zwei Gänse lebte. Die andere wurde ein paar Tage zuvor vom Fuchs geholt. Als die Gans bei mir vorbeiwatschelte, kniete ich nieder und sprach mit ihr über den traurigen Verlust ihrer Freundin. Da kletterte sie auf meinen Schoß und legte ihren Kopf auf meine Schulter, um sich trösten zu lassen. Eine Bekannte meinte dazu lachend: „Zu dir kommen wahrscheinlich auch Giftschlangen und lassen sich streicheln."

Tiere liebte ich schon als kleines Kind. Kein Hund war zu groß, um nicht gestreichelt zu werden. Meine Mutter erzählte mir, dass einmal eine große dänische Dogge ihre Nase in meinen Kinderwagen hineinsteckte. Da griff ich scheinbar nach ihren Lefzen und machte begeistert „Wau" – und die Dogge rannte weg. Doch meine erste große Liebe war eine Katze. Ein Kater, um genau zu sein. Als Kind verbrachte ich meistens ein paar Wochen bei meinen Großeltern. Das war immer eine große Freude für mich, denn nebst der Tatsache, dass ich meine Großeltern liebte, hatten sie einen Kater, und diesen liebte ich über alles in der Welt – den Purzel. Dieser Kater bedeutete wirklich alles für mich, und er begrüßte mich auch immer stürmisch bei meiner Ankunft. Wir konnten Stunden miteinander verbringen: Ich streichelnd – er schnurrend. Der Rest der Welt existierte nicht mehr. Kommt Ihnen das bekannt vor? Waren viele von uns nicht so als Kinder? Tiere waren einfach wundervoll, schön und so lieb zu uns:

Man musste sie einfach auch lieb haben. Großmutters Katze war wahrscheinlich die erste Liebe für viele Menschen, welche auch heute noch Tiere haben und lieben.

Damals dachte ich, dass alle Menschen solche Beziehungen zu Tieren hätten. Wie könnte es auch anders sein? Später merkte ich – leider – dass dem bei Weitem nicht so war. Nicht alle Menschen lieben und respektieren Tiere. Schon einige Klassenkameraden in der Grundschule fragten mich neckisch, wenn ich behauptete, dass Tiere ehrlich seien, ob ein Tiger auch ehrlich sei, denn er würde mich ja sicher fressen, wenn ich einem begegnen würde. Natürlich ist er ehrlich: Er tut ja nicht so, als würde ein Mensch ihn nicht interessieren, sondern zeigt diesem ganz offensichtlich, dass er die Absicht hat, ihn zu verspeisen. Meine Spielkameraden konnten anscheinend „gefährlich" nicht von „ehrlich" unterscheiden. Gefährliche Tiere waren für sie einfach nicht ehrlich.

Erst gegen Ende der Grundschule merkte ich, dass Kinder, die viel mit Tieren in Kontakt kamen, diese liebten, während Kinder ohne jeglichen Tierkontakt nichts mit ihnen anfangen konnten, ja sogar Angst vor ihnen hatten. Erwachsene, die Angst vor Tieren haben, geben diese Angst ihren Kindern oder Enkeln weiter. Bei meinen Eltern und Großeltern war dies zum Glück nicht der Fall, und so konnte ich oft von Tieren umgeben glücklich sein. Meine Familie lebte es mir vor.

Es gab bei meinen Großeltern auch andere prägende Ereignisse. Eines Tages spielte ich im Hof. Da sah ich auf der anderen Straßenseite einen Mann, mit einer blauen Arbeitshose und einem ärmellosen Feinripp-Unterhemd bekleidet, aus seinem Haus kommen, gefolgt von einem wunderschönen deutschen Schäferhund. Er befahl dem Hund, auf dem Gehsteig sitzen zu blieben, und ging nochmals zurück, um die Eingangstüre zu schließen. Da konnte ich nicht widerstehen, überquerte die Straße (damals hatte es nur wenige Autos) und streichelte den Hund. Als der Mann mich sah, blieb er ein paar Sekunden regungs- und fassungslos stehen. Dann meinte er mit einer etwas rauen Stimme, dass ich den Hund nicht anfassen dürfe, da dieser als Wachhund dressiert sei und nur ihm gehorchen würde. Der Hund würde sich nie von fremden Leuten anfassen lassen, sondern würde bei jedem Annäherungsversuch sofort beißen. Dem Hund war das wohl bewusst, denn er winselte etwas, als ich ihn streichelte. Es war ihm sichtlich nicht wohl dabei (vor seinem strengen Herrchen), doch er bewegte sich nicht und biss mich auch nicht. In meinem jugendlichen Leichtsinn erklärte ich dann diesem Mann, dass Tiere doch niemals liebe Menschen beißen würden. Da kam meine Großmutter angerannt, entschuldigte sich bei dem Mann, nahm mich eiligst wieder mit nach Hause und erklärte mir, dass ich so etwas nie wieder tun dürfe. (Das Gleiche würde ich heute meinen Enkeln wahrscheinlich auch raten.)

Die Pferde im Reitstall

Mit acht oder neun Jahren war ich mit meinen Eltern häufig im Reitstall, wo wir unser Pferd hatten. Als die Erwachsenen abends noch ein Weilchen in der Bar plauderten, war ich natürlich bei den Tieren. Auf diesem Hof gab es logischerweise Pferde, aber auch jede Menge Hunde, Katzen, Hasen, Schafe oder Schweine. Der Hofhund, eine prächtige Berner Sennen-Hündin namens Lissy, liebte Kinder und ließ sich von allen streicheln, war aber auch die unangefochtene Nummer eins unter all den Hunden – auch die der Reiter, welche eigentlich zu Gast da waren. Doch vor einem Gewitter hatte sie panische Angst und verkroch sich dann in die hinterste Ecke unter einen Tisch. Dreimal dürfen Sie raten, wer dann auch neben ihr unter dem Tisch lag und versuchte, sie zu beruhigen. Ich streichelte sie und redete dabei sanft zu ihr, um ihr die Angst etwas zu nehmen. Das liebte sie.

Als eines Abends ein kleines Springturnier in der Reithalle stattfand, musste ich die Zuschauertribüne verlassen, um im

Haupthaus auf die Toilette zu gehen. Es war schon Spätherbst und daher bereits Nacht, als ich die Halle verließ. Da kam eine Meute Hunde bellend auf mich zu gerannt, denn sie hatten mich wohl im Dunkeln nicht erkannt. Es machte mir keine große Angst, denn ich kannte sie ja alle. Ich hielt an, damit sie mich beschnuppern und somit identifizieren konnten. Da ertönte plötzlich ein tiefes und lautes „Wuff" neben mir, und alle Hunde rannten davon. Da stand Lissy, hechelnd und schwanzwedelnd, neben mir und begleitete mich zum Haus. Ich wurde das Gefühl nie los, dass dies eine Art Dank für die Betreuung während der Gewitter war. Oder waren es die vielen Streicheleinheiten? Gewiss aber die Tatsache, dass ich mich immer mit ihr befasste und sie niemals ignorierte. (Ein Tier zu ignorieren, ist etwa das Schlimmste, was wir ihm antun können, doch auch das sehen wir später noch). Ich liebte sie und respektierte sie. Wenn sie schlief oder fraß, störte ich sie nicht! Dieser Respekt bewirkte, dass sie mich sehr mochte und mir dies auch zeigte.

In diesen Ställen schlief ich auch einmal in einer Pferdebox ein. Mit einer Pferdebrust als Kissen! Das Pferd, das ich in der Reitstunde hatte, legte sich nach dem Absatteln hin und schlief. Ich ging zu ihm in die Box und lehnte mich gegen seine Brust. Ich war müde und die Pferdebrust schön weich und warm, also schlief auch ich ein. Als mich die (entsetzten) Erwachsenen entdeckten, getraute sich keiner in die Box. Die Gefahr bestand, dass das Pferd aufstand und mich dabei verletzte. Als ich aufwachte, flüsterten sie mir zu, ich solle ganz langsam aufstehen und behutsam aus der Box kommen. Das machte ich, und das Pferd stand erst auf, als ich die Box verlassen hatte. Es hatte die ganze Zeit die Erwachsenen beobachtet, getraute sich aber nicht aufzustehen, denn es wusste wahrscheinlich, was dann passieren würde. Tiere lieben, beschützen und helfen uns, wo sie nur können. Nur wenn sie misshandelt oder falsch „dressiert" werden, verlieren sie dieses Verhalten. Es liegt also an uns, dass Tiere uns unterstützen. Tiere haben mir immer gezeigt, dass Liebe auf gegenseitigem Respekt beruht. Respekt erzeugt Respekt. Da sind Tiere und Menschen doch nicht so verschieden.

Tierliebe oder Gabe?

Solche oder ähnliche Situationen haben bestimmt viele von uns erlebt und ihnen wahrscheinlich auch keinen speziellen Wert beigemessen. Ich selbst war jahrzehntelang überzeugt, dass ich dabei nur von dem Kinderschutzinstinkt der Tiere profitiert hatte. Doch wenn einem solche spezielle Situationen über Jahre hinweg begegnen, dann fängt man irgendwann an, sich zu fragen, ob man nicht doch eine etwas besondere Beziehung zu Tieren hat. Auf die Idee, dass es eine Gabe sein könnte, bin ich eigentlich nie gekommen, denn ich dachte lange Jahre, dass doch jeder Mensch eine tolle Beziehung zu Tieren hätte. Viele Jahre später machten mich zwei bewundernswerte Nonnen, mit denen ich ab und zu tatsächlich über Gott und die Welt sowie über meine Lebenslage diskutierte, auf diese Gabe und deren Bedeutung aufmerksam. Doch selbst dann zweifelte ich noch daran, dass ich überhaupt eine Gabe hätte. Ich doch nicht! Ich war doch ein ganz gewöhnlicher und normaler Mensch.

Obwohl die Tierliebe nie von mir wich, so wurde sie doch mit den Jahren auf die Seite gedrängt, von all dem, was das Erwachsenenleben von einem erwartet: Schule, Beruf, Ehe, Freunde, Kollegen, Ferien, Sport, Reisen und vieles mehr. Der kleine Junge in mir verschwand beinahe ganz[1]. Der gesellschaftliche Druck machte mich zum Kämpfer, mein Verstand wurde wichtiger als mein Herz und die Aufteilung meiner wertvollen Zeit war von meiner gesellschaftlichen Umwelt gesteuert und nicht frei von

---

1   Siehe dazu mein Buch: „Sind wir fit für die Welt von Morgen?" im Literaturverzeichnis. Oder: www.dieweltvonmorgen.com

Der Tierheiler

mir gewählt. Ich suchte den Erfolg im Beruf und die finanzielle Unabhängigkeit. Ich fand zwar beides, doch zu welchem Preis? Ursprünglich wollte ich eigentlich Tierarzt werden, doch ließ ich beim Gedanken, dass ich dann nur noch kranke oder verletzte Tiere sehen würde, dieses Ziel wieder fallen. Durch einen komischen „Zufall" und eine merkwürdige Situation landete ich in der pharmazeutischen Industrie. Ich fand das anfänglich ganz gut und dachte, dass ich dadurch vielen Menschen helfen würde. Dass in der Industrie auf den Profit geschaut wurde, fand ich auch noch ertragbar, da die Forschungsinvestitionen horrende Summen verschlangen; dass der Profit aber wichtiger war als die Menschen, störte mich ziemlich schnell. Die aufkommende Profitgier wurde mit den Jahren immer schlimmer, und der Wandel in der Geschäftswelt wurde letztlich unerträglich für mich. Was nun?

Was braucht es, um ausgetretene Wege zu verlassen?

Sicher kennen Sie die Antwort auf diese Frage: Es braucht Druck, viel Druck, damit wir unsere „Komfortzone" verlassen. Ich hatte bereits viele „Zeichen" erhalten, wollte oder konnte sie aber irgendwie nicht wahrnehmen. Obwohl ich viele Bücher über Spiritualität, Quantenphysik oder Quantenphilosophie las und an Mystik und Esoterik interessiert war, blieb ich doch immer etwas skeptisch, wenn mir die beschriebenen Phänomene zu übertrieben schienen. Deswegen war ich nicht überzeugt, dass diese spirituelle Welt mein Leben ausfüllen könnte. Ich musste in erster Linie Geld verdienen, um unabhängig und frei sein zu können. Ich liebte noch immer die Tiere und die Natur, doch irgendwie nahmen die Karriere und das soziale Umfeld einen größeren Platz ein, als ich eigentlich wahrhaben wollte. Es war in der Tat schön, nach Lust und Laune sich einen Abend in einem feinen Restaurant zu gönnen, schöne Ferien in einem fernen Land zu verbringen oder einfach einmal spontan etwas Schönes zu kaufen, ohne dabei das monatliche Budget in Gefahr zu bringen. Doch diese Freiheit hatte einen hohen seelischen und gesundheitlichen Preis: Ich bezahlte ihn mit einen Burnout. Dieser Zustand vom „Ausgebrannt sein" kennzeichnet zwar eine psychische und physische, aber leider auch eine emotionale Erschöpfung. Dieser Burnout stellte einen tiefen Einschnitt in meinem Leben dar und brachte mich dazu, meine gesamte Lebensweise infrage zu stellen. Das war wahrlich der Holzhammer, der mich dazu zwang, endlich auf den Aufschrei meiner Seele zu hören. Es war schmerzhaft, doch notwendig. „Wer nicht hören will, muss fühlen." Und genau das hatte ich verlernt.

Ich kündigte meinen Job, verließ die Pharmaindustrie – in der ich knapp zwanzig Jahre gearbeitet hatte – und machte mich als Marktforscher und Berater selbstständig. Doch das war leider nur der halbe Weg, wie ich später erfahren musste, denn ich arbeitete zwar nicht mehr „in", doch „für" diese Industrie – und das wollte meine Seele nicht mehr erdulden. Es gab also nur eines: Ich musste den Weg zu mir selbst finden. *„Wer zu sich selbst finden will, darf andere nicht nach dem Weg fragen."*[2] Das klingt doch so einfach: „Tue das, wo Du dich dabei richtig wohlfühlst, oder das, was Du *wirklich* möchtest." Ich hatte jedoch das (Wohl-)Fühlen verlernt, konnte für nichts mehr eine wahre Leidenschaft entwickeln und wusste nicht mehr, was ich *wirklich* wollte. Des Öfteren sagte ich zu meiner Frau: „Ich würde gerne das tun, was ich wirklich möchte, wenn ich doch nur wüsste, was es ist!" Irgendwie überzeugte mich dann eine Aussage in einem Buch: „Wenn du nicht weißt, was du willst, dann notiere alles, was du *nicht* willst, und drehe die Aussagen in eine positive Formulierung um." (So ähnlich zumindest). Das half, denn was

---

2   Paul Watzlawick (1921 - 2007), österreichisch-amerikanischer Kommunikationswissenschaftler, Psychotherapeut, Soziologe, Philosoph und Autor. (Quelle: altes Post-it, das an meinem Bildschirm klebt.)

ich nicht mehr wollte, das wusste ich nun genau. Es kam allerdings eine ziemlich lange Liste dabei heraus. Später hinterfragte ich beim Meditieren diese positiv formulierte Liste und strich vieles wieder heraus, das ich nicht als „wirklich zu mir passend" betrachtete. Meine außergewöhnliche Beziehung zu Tieren kristallisierte sich jedoch immer mehr dabei heraus – und die wollte ich unbedingt erhalten!

Energien

Inzwischen bekam ich beruflich auch einen Auftrag von einem erstaunlichen Mann, der unbewusst meinem Leben eine neue Wende geben würde. Er war früher Architekt und lenkte deswegen sein Interesse auf die vielen energetischen Störfelder, wie Wasseradern oder Bruchlinien eines Hauses. Seine Frau und er vertieften dieses Wissen über Jahrzehnte und spezialisierten sich dabei fast ausschließlich auf Energien. Er bat mich um Rat, denn er hatte viele energetische Instrumente entwickelt und wollte, dass sein möglicher Nachfolger eines Tages mit diesen handeln und auch sein Wissen weitergeben konnte[3]. Dafür musste ich diese Instrumente natürlich zuerst einmal kennenlernen und verstehen, und er führte mich deshalb in die Welt der energetischen Behandlungen ein. Als ich – immer noch sehr skeptisch dieser Welt gegenüber – beobachten konnte, dass diese Behandlungen tatsächlich Besserungen brachten und ich auch einen Pendel oder eine Bioantenne benutzen konnte, war ich natürlich positiv überrascht – nahm es aber immer noch nicht als eine Lebenslösung für mich an. Es war ein tolles Wissen, doch sicher nur für mein Privatleben bestimmt.

Irgendwie konnte oder wollte ich die Zeichen damals nicht sehen. Der Burnout hatte mich natürlich psychisch und physisch

---

3   Herr und Frau Burbaum, Firma Oecovita AG: www.oecovita.ch

sehr geschwächt und meine Überzeugungen ziemlich durchgerüttelt. Mein Geist wollte mich anscheinend gesundheitlich schützen, indem er meine Offenheit und Zugänglichkeit einschränkte. Ich suchte viele Möglichkeiten in dieser Zeit. Ich klammerte mich wirklich an jeden „Grashalm". Ich bekam Tipps und nützliche Adressen von Bekannten. Ich rief die angegebenen Menschen an oder schrieb ihnen, wenn ich sie nicht erreichte, aber bekam sehr oft nicht einmal eine Antwort. Ich fragte mich, warum diese Hürden erschienen: Sollte es nicht sein, dass ich mit diesen Menschen in Kontakt kam? Sollte ich zurück in die Pharmaindustrie? Ich erlitt viele Rückschläge in dieser Zeit und beschloss irgendwann, mich zu überzeugen, dass es eben so sein musste und die richtige Türe irgendwann für mich aufgehen würde. Ich entschied mich, weiterzugehen und weiterzusuchen. Ich würde diese Türe bestimmt finden. Sie war vielleicht sogar schon offen, nur sah ich sie nicht. Ich vergaß dabei nur, dass auch ich offen sein musste, um diese Türe überhaupt zu sehen, also empfänglich für einen „Wegweiser" zu sein.

Energien und Tiere

Da ich etwas suchte, das mit Tieren zu tun hatte, in meinem Alter ein Tiermedizin-Studium jedoch nicht mehr in Frage kam, meldete ich mich zu einem Schnupperkurs in Tierkommunikation an. Ich fand mich als einziger Mann in einer Gruppe Frauen wieder. Das fand ich gut, denn Frauen bringen anderen Menschen mehr Verständnis und Toleranz entgegen. Die meisten Teilnehmerinnen dieses Kurses hatten bereits gewisse Erfahrungen auf ähnlichen Gebieten – ich nicht. Wir starteten mit einer geführten Meditation, was für mich damals noch ziemlich neu war. Ich war sehr erstaunt, eines meiner Krafttiere während dieser Meditation zu entdecken und spürte auch die starke und positive Energie in diesem Raum. Ein Teil meines Ichs erwachte wieder, und ich war dankbar, dass ich nun bewusst auch etwas spüren konnte. Diese positive Atmosphäre und die offene und tolerante Einstellung der Teilnehmerinnen und der Leiterin[4] bewirkten, dass ich mich zum ersten Mal seit langer Zeit wirklich wohlfühlte. Ich spürte, dass mir dieses Wissen und diese Gefühle weiterhalfen, doch mein Weg war es irgendwie noch nicht. Doch dieses wiedergefundene Wohlfühlen zeigte mir, dass ich zumindest den Anfang eines für mich richtigen Weges gefunden hatte.

Die zwei Nonnen, welche Menschen und deren Probleme unglaublich gut und präzise einschätzen konnten, sagten mir eines Tages, dass ich sehr wahrscheinlich die Gabe hätte, Menschen oder Tiere mit Energien zu beschenken. Eine der beiden konnte Menschen in fantastischer Weise behandeln und nahm mir während einer starken und sehr schmerzhaften Nierenkolik für achtzehn Stunden den Schmerz völlig weg. (Ich konnte für diese Zeit die starken Schmerzmittel ganz absetzen). Sie praktizierte „Healing Touch"®[5], wie ich später erfuhr. Das beeindruckte mich ganz besonders, da ich die Wirkung am eigenen Körper erfahren und gespürt hatte.

Zu einem späteren Zeitpunkt fuhr ich mit dem Zug in die Stadt, um mit einem alten Freund zu essen, und dabei traf ich „zufällig" diese Nonne wieder. Wir diskutierten über meine Lage, und sie sagte mir plötzlich: „Es ist eine Sünde, wenn man eine Gabe bekommt und diese nicht nutzt. Nimm dich in Acht, denn das hat oft gesundheitliche Folgen." Ich dachte noch über den tiefen Sinn dieses Satzes nach, als ich beim Mittagessen, *genau diesen Satz (!)* von meinem Freund hörte – der die Nonne nicht kannte. Mir verschlug es die Sprache. Ich saß da, wie vom Blitz getroffen. Das konnte doch nicht sein! Das war doch kein Zufall! (An Zufälle glaubte ich schon damals nicht mehr.) Das war nun ein

---

4 Sandra Carrara-Steiner: www.tiergefluester.ch
5 Für mehr Informationen zum Healing Touch für Menschen: www.healingtouchprogram.com

sehr deutliches Zeichen, dass ich mich mit heilenden Energien befassen sollte. Gott oder das Universum wiederholen angeblich ignorierte Nachrichten immer deutlicher, bis wir sie nicht mehr überhören können. Das war mir nun passiert: Diese Nachricht war unüberhörbar!

Irgendwie verdichtete sich mit der Zeit meine positiv formulierte Wunschliste von dem, was mich wirklich mit Leidenschaft erfüllte, auf zwei Dinge: Tieren zu helfen und mit heilenden Energien zu arbeiten. Was lag also näher, als Tieren mit energetischen Behandlungen zu helfen? Aber konnte das meine Bestimmung sein? Ich hatte doch kaum Erfahrung mit energetischen Behandlungen. Die zwei lieben Nonnen bestätigten mir jedoch, dass dies Sinn für mich machte und es wahrscheinlich meine Bestimmung sei, also meine Lebensaufgabe. Doch ich war immer noch nicht so ganz überzeugt, da dies alles doch so furchtbar esoterisch klang. Allerdings fand ich auch, dass es Sinn machte, und ich war ja schließlich gerade dabei, einen Sinn für mein Leben oder den Sinn meines Lebens zu suchen.

Nicht zu vergessen: Ich hatte knapp zwanzig Jahre Pharmaindustrie hinter mir. Ich war auf wissenschaftliche Arbeitsmethoden gedrillt. Nun sollte ich etwas Esoterisches in mein Leben aufnehmen? Was würden die Menschen in meinem Umfeld dazu sagen? Ich konnte so etwas doch sicher nicht. Nun, ich könnte es ja einmal versuchen. Ich hielt also meine Hände für etwa zehn Minuten an das Bein meines Pferdes und spürte ... nichts! Rein gar nichts. Na also: Meine Zweifel bestätigten sich doch. Ich hatte sicher keine Gabe und konnte so etwas nicht. Ich übersah jedoch, dass man, wenn ver-*zweifelt* ist, an allem bei sich selbst zweifelt und in jedem Rückschlag eine Bestätigung seiner vermeintlichen Unfähigkeit findet. Wie sagt schon das Sprichwort: „Wer an seinen Stärken zweifelt, stärkt seine Zweifel."

Healing Touch

Als ich diese Erfahrung den Nonnen erzählte, mussten sie lachen und fragten mich, was für eine Absicht ich während dieses „Handauflegens" gehabt hätte? Ich sagte verwundert „keine". Da meinten sie, dass ich in diesem Falle auch nichts spüren könnte, da ich ja nichts wollte: Weder etwas herausfinden (ein Gesundheitsproblem), noch etwas geben (eine energetische Behandlung), noch sonst irgendetwas Gutes tun. Das machte mich natürlich neugierig, und ich wollte mehr darüber erfahren. Ich suchte im Internet nach „Healing Touch" und fand prompt („zufällig?") eine Seite mit dem Titel „Healing Touch for Animals"®! Schon der Name faszinierte mich: Es gab also tatsächlich eine energetische Behandlung, welche speziell für Tiere entwickelt wurde. Carol Komitor gestaltete über lange Jahre hinweg, mithilfe von Fachpersonen von Tierheimen, mit Tierhaltern, Tierärzten und anderen Tierspezialisten, „Healing Touch for Animals"® (HTA)[6]. Das war genau die Kombination, welche ich so lange gesucht hatte und die den zwei Hauptzielen meiner Liste entsprach: Tieren helfen mit energetischen Behandlungen.

Das musste ich unbedingt probieren! Ich meldete mich sofort für den ersten Kurs (Level 1) in Holland an. Der Kurs wurde auf einem abgelegenen Bauernhof durchgeführt, damit wir auch an Tieren üben konnten. Wie so oft, waren wir Männer mit nur zwei Vertretern unserer Spezies völlig unterrepräsentiert. Zwei sehr nette Trainerinnen empfingen uns und fragten auch gleich, ob wir eine gewisse Erfahrung mit Tierheilung hätten. Ich lachte und sagte ihnen gleich, dass ich weder Erfahrung darin hätte noch wüsste, ob ich das überhaupt lernen könnte. Sie meinten,

---

6   Carol Komitor hatte „Healing Touch®" für Menschen (http://healingtouchprogram.com/) bei der Gründerin Janet Mentgen († 2005) gelernt. Sie entwickelte später daraus die Behandlungsmethode „Healing Touch for Animals"®. Siehe: http://www.healingtouchforanimals.com/

dass dies eine gute Voraussetzung sei, da ich dadurch völlig unvoreingenommen an die Sache herangehen könnte.

Als wir mit einer gemeinsamen geführten Meditation anfingen, um uns einzustimmen und zu erden, fühlte ich mich schon überwältigt von der enormen Energie in dem Unterrichtsraum und von den Tieren, die mir aus einer anderen Welt erschienen, um mich zu unterstützen. Wegen der starken Energie im Raum kribbelte es mich jedoch am ganzen Körper, und ich hatte nach der Meditation den Wunsch, den Raum für ein paar Minuten zu verlassen. Es war zu viel Energie für mich in diesem Raum. Die eine Trainerin erklärte mir dann, dass wir dies jetzt gleich beheben würden; ich sollte mich noch etwas gedulden. Als wir uns dann gegenseitig die negativen und überschüssigen Energien absogen (und neutralisierten), fühlte ich mich bereits wohler. Meine Energie war endlich wieder auf ein verträgliches Niveau gesunken. Die Trainerinnen waren beeindruckt, dass ich solch eine Empfindung für Energien hätte. Ich selbst allerdings auch! Jetzt hatte ich sogar eine leichte Überdosis gespürt.

Einige Erlebnisse dieses Kurses möchte ich hier beschreiben, denn sie waren Schlüsselerlebnisse für mich und daher Auslöser meiner Begeisterung für die energetische Tierbehandlung. (Über weitere, für mich gravierende Erlebnisse berichte ich im 2. Teil dieses Buches, wenn es um erstaunliche Behandlungserfolge bei Hunden, Pferden und anderen Tieren geht.)

Als wir am nächsten Tag Hunde behandelten, war ich wiederum erstaunt, wie sehr diese auf mein Handauflegen reagierten. Sie spürten demnach sichtbar, was energetisch zwischen uns passierte. Ich spürte die Energie in meinen Händen und merkte, dass meine Handflächen nach jeder Behandlung sehr warm waren. Am Tag darauf nahmen wir uns die Pferde vor, und ich durfte ein Pony von einer großen Gruppenweide holen. Das Tier war nicht begeistert, mir zu folgen: Es kannte mich nicht, und seine Gruppe hatte gerade frisches Heu bekommen. Es stellte sich bockig und wollte nicht mit mir kommen. Da konzentrierte ich mich auf das Tier und fing an zu denken: „Ich verstehe, dass du jetzt lieber dein Heu fressen möchtest, bevor es dir deine Freunde wegfressen. Doch wenn wir nachher zurückkommen, bekommst du frisches Heu. Wahrscheinlich hast du auch keine Lust, jetzt zu arbeiten und irgendeinen Menschen auf deinem Rücken durch die Gegend zu tragen. Das musst du auch gar nicht. Wir werden dich nur energetisch behandeln, und das kennst du ja bereits: Du bekommst jetzt eine Stunde „Wellness" von tierliebenden Menschen geschenkt und wirst dich nachher ganz entspannt und wohl fühlen. Na, was meinst du jetzt? Kommst du mit mir für die „Wohlfühlstunde"?"

Da schaute mich das Pony mit erhobenem Kopf und Ohren an und lief ganz zufrieden neben mir her. Ich hätte das Zaum-Seil loslassen können, es wäre mir wahrscheinlich auch so gefolgt. Die anderen Teilnehmerinnen fragten mich, was wir gemacht hätten, als wir ganz ruhig nebeneinander mitten auf der Weide standen. Als ich es ihnen erzählte, mussten sie lachen. Doch als ich sie fragte, ob sie beobachtet hätten, wie motiviert und willig das Pferdchen neben mir hergelaufen sei, mussten sie zugeben, dass dies in der Tat schon beeindruckend gewesen sei. Bei einem Menschen fragen wir doch auch an, bevor wir etwas von ihm verlangen. Hatte ich nun unbewusst Tierkommunikation angewandt? Das Pony ließ sich geduldig von vier Personen (immer zwei auf einmal) behandeln und schien es völlig zu genießen. Als ich es später wieder auf die Weide brachte, schmiegte es liebevoll seinen Kopf an mich. Nun war ich überzeugt, dass es viel mehr gab auf dieser Welt, als wir Menschen denken. Ich hatte die Welt, in der Energie aus einer Steckdose fließt und von irgendeiner „App" kontrolliert wird, verlassen. Ich hatte die Lebensenergie bei Tieren entdeckt. Diese Energie war reine Liebe und nur emotional zu spüren. Ich benötigte mehr Herz als Kopf! (Es gab also noch viel zu tun für mich ...)

Ich entdeckte in diesem Kurs, wie die Tiere willig mit uns

arbeiteten und nach den Behandlungen immer total entspannt waren. Sie spürten bestimmt schon die harmonische Atmosphäre innerhalb der Menschengruppe und auch die Energien, die zwischen uns flossen. Alle Absichten waren gut und voller Liebe. Es gab daher auch kein Tier, das irgendwie verrückt spielte. Ich durfte Hunde, Ponys und Pferde behandeln und konnte eine große Harmonie spüren. Ich durfte in diesem Kurs sogar den jungen Hofhund Max behandeln, welcher mit seinen ungefähr acht Monaten schon einiges größer war als ein Schäferhund. Er konnte leider nicht richtig gehen, schwankte hinten stark und knickte sogar ab und zu ein. Nach meiner Behandlung schwankte er zwar noch etwas, doch viel weniger – und er knickte nicht mehr ein. Ich habe ihn später wiedergetroffen und sollte dabei ein tolles Erlebnis bekommen. (Davon später mehr). Ich hatte irgendwie das Gefühl, dass der kleine Junge in mir wieder erwachte! Jeder Tag brachte mir neue Überraschungen. Die Welt der Liebe und der Gefühle existierte noch.

Was mich in diesem ersten Kurs jedoch völlig überraschte, war eine Gedankenübertragung zu einem Pferd. Eine Teilnehmerin hielt das Pferd mit einem Strick, während es von zwei anderen Frauen behandelt wurde. Ich schaute in diesem Moment aus einer kurzen Entfernung zu, da wir natürlich nicht zu viert an dem Pferd „arbeiten" konnten. Das Pferd wollte nicht ruhig stehen bleiben und bewegte sich immer seitwärts von den Frauen weg. Als es mich kurz anschaute, dachte ich: „So, nun sei mal schön brav und bleibe ruhig stehen. Du bekommst jetzt doch ein „Wellness", und das wird dir gut gefallen." In dem Moment entspannte sich das Pferd vollkommen (Kopf runter, Ohren auf die Seite, Unterlippe herunterhängend) und ließ sich in aller Ruhe behandeln. Ich hörte die Frage: „Was ist denn nun plötzlich passiert, dass sich das Pferd so entspannt?" Ich sagte nichts dazu, da ich selbst auch total überrascht war. Später erfuhr ich, dass dies wirklich Tierkommunikation war.

Ich war so überwältigt von den Erfahrungen und Erlebnissen dieser Tage, dass ich bei meiner Rückkehr sofort alle weiteren Kurse – auch den für Menschen – buchte. Das war es, was ich so lange gesucht hatte. Ich konnte nun meinem „Gespür" wieder folgen, auf meine Intuition hören und nicht nur meinen Verstand einsetzen. Den Verstand benutze ich zwar nach wie vor bewusst, doch mein Unter- und Überbewusstsein wurden nun wieder aktiviert. Die Kombination der „Drei Bewusstseine" bringt erstaunlich bessere Resultate als die Nutzung eines einzigen. (Es gibt sogar schon Banken, die bemerkt haben, dass intuitive Entscheidungen von erfahrenen Personen mehr richtige Resultate bringen als alle möglichen mathematischen Computer-Modelle, welche auch nur auf Vergangenheitswerten basieren!)

Mit Dario üben

Als ich wieder zu Hause war, wollte ich das Erlernte natürlich schnellstmöglich bei meinem Pferd Dario ausprobieren. Als ich zu ihm kam, stand er gerade auf der Weide und graste zufrieden. Ich ging zu ihm, redete etwas mit ihm und legte ihm die Hände auf. Obwohl er frei war und niemand ihn festhielt, hörte er sofort auf zu grasen und ließ sich genüsslich behandeln. Ich empfand eine riesige Freude, denn im Gegensatz zum ersten Versuch vor Monaten spürte ich nun etwas: Ich spürte, wie die Energie durch meine Hände floss und meine Handballen warm wurden. Ich behandelte ihn also wirklich und hatte dieses Mal auch eine Behandlungsabsicht. Ich lernte noch etwas Weiteres: Als ich die Hände auflegte, fragte ich mich, wie lange ich sie wohl so halten sollte. Es war keine Trainerin da, die ich hätte fragen können. Die Frage beantwortete jedoch mein Pferd: Als es Zeit für mich war, meine Hände an eine andere Körperstelle zu legen, schritt mein Pferd etwa einen halben Meter zur Seite, genügend, um meine Hände von der aktuellen Stelle zu entfernen. Mein Pferd nahm also genau wahr, was zwischen uns passierte. Heute spüre ich selbst, wenn der Energiefluss sich abschwächt, doch damals bemerkte ich, dass ich noch sehr viel von den zu behandelnden Tieren lernen konnte. Tiere sind großartige Lehrmeister! Als ich mit der Behandlung von Dario fertig war, fing er sofort wieder an zu grasen. Ohne irgendetwas gesagt zu haben, wusste er also, dass die Behandlung beendet war. Nun konnte ich fühlen, probieren und staunen: Also lernen, lernen, lernen!

Ich hatte meine eigene Leidenschaft gesucht, um meine Berufung zu finden. Jetzt war ich überzeugt, sie gefunden zu haben; denn nun konnte ich plötzlich die Leidenschaft in mir spüren! Einige von Ihnen werden sich jetzt fragen, ob man aus jeder Leidenschaft einen Beruf oder Nebenberuf machen kann? Da alle Menschen verschieden sind und in unterschiedlichen Situationen leben, gibt es keine allgemeine Antwort auf diese Frage. Ich bin jedoch überzeugt, dass die Mehrzahl von Berufen oder Berufungen nur Erfolg bringen, wenn sie aus Leidenschaft ausgeübt werden. Ob jede Berufung auch ein genügendes Einkommen generiert, um zumindest davon leben zu können, das bezweifle ich allerdings nach wie vor. Unsere heutige Gesellschaft ist, wie noch nie zuvor, auf Schnäppchen und Rabatte ausgerichtet und vergisst dabei den wirklichen Sinn und die Nachhaltigkeit einer Aktivität. Wer allerdings seiner Berufung folgt, sollte nicht das Einkommen vor Augen haben, sondern den Sinn seiner Aktivität. Ist diese wirklich sinnvoll für eine Person, dann wird sich alles andere so gestalten, dass die Person ihre Leidenschaft auch weiterhin leben kann. „Der Weg ist das Ziel", oder wie Buddha angeblich sagte: „Du bist, was Du denkst." Mein Motto lautet daher: „Lebe deine Leidenschaft und schaue, wie sich dein Leben dieser Leidenschaft anpasst." Ob Beruf, Nebenjob oder Freizeitaktivität, ist dabei unwichtig.

Jeder Mensch sollte seine persönliche Vorliebe finden und deshalb seinem eigenen und einzigartigen Weg folgen. Es gibt

Platz für alle, und jeder von uns ist einzigartig. Wir müssen nur herausfinden, wo wir einzigartig sind. Auch „Heiler" sind unterschiedlich begabt und behandeln nicht alle gleich. Der eine spürt den Schmerz seines Patienten, der andere bekommt eine intuitive Eingabe und der Dritte sieht das Problem bildlich. Warum sollte also einer besser sein als ein anderer? Sie sind verschieden und gehen unterschiedliche Wege, jedoch mit dem gleichen Ziel: Den Gesundheitszustand des Patienten zu verbessern. Aus diesem Grunde sollten auch, Ärzte, Geistheiler, Osteopathen, Akupunkteure, Naturheilpraktiker und viele andere sich nicht als Konkurrenten betrachten, sondern zusammen (komplementär) zum Wohle des (menschlichen oder tierischen) Patienten arbeiten. Eine Krankheit findet nicht nur auf der körperlichen Ebene statt, sondern auch auf der geistigen und vor allem auf der seelischen Ebene. „Mens sana in corpore sano"[7] bedeutet, dass es eines gesunden Geistes bedarf, um einen gesunden Körper zu haben. Körper und Geist sind in diesem irdischen Leben unzertrennlich und können daher nicht unabhängig voneinander betrachtet werden.

Zurückblickend deute ich heute die Umwandlung meines Lebens wie folgt: Was auch immer man als Beschäftigung ausüben will, es sollte eine Leidenschaft oder eine Gabe dafür existieren (auch wenn diese noch nicht völlig ausgereift ist). Ich fragte mich: Was ist meine Leidenschaft? Worin bin ich begabt? Womit kann ich Menschen oder Tieren helfen und meinem Leben damit einen Sinn geben? Jeder hat seine eigene Leidenschaft und sollte daher nur dieser folgen! Ob dies Malen oder Autos reparieren, Reisen oder Computertechnik ist, spielt keine Rolle. Jemand sagte einmal zu mir: „Wenn es deine Leidenschaft ist, Müll zu sammeln, dann wirst du damit aufblühen. Es klingt vielleicht völlig blöd, doch vielleicht wirst du dadurch eines Tages eine revolutionäre

---

7   Ein gesunder Geist in einem gesunden Körper.

Recycling-Methode entwickeln und damit der ganzen Welt helfen." Für mich war die Leidenschaft, Tieren mit energetischen Behandlungen zu helfen. Ich schloss meine Augen und stellte mir vor, wie ich diese Aktivität ausübte. Was empfand ich bei diesen animierten Bildern in meinem Kopf? Freude! Dann hatte ich wahrscheinlich meine Leidenschaft gefunden und würde Erfolg damit haben. Ein schöner Traum ist ein Film, der von unserer Vorstellungskraft gedreht wurde. *„If you can dream it, you can do it!"*[8], sagte schon Walt Disney.

---

8 „Wenn Du es träumen kannst, kannst Du es tun."

2
Tiere als Lehrer

Auch die weiteren HTA-Kurse, die ich belegte, haben starke Eindrücke hinterlassen und mich viel gelehrt. Als meine Ausbildung beendet war, hatte ich jedoch noch vieles mehr gelernt – und zwar direkt von den Tieren. Dessen war ich mir zwar schon vorher bewusst, doch dass jede einzelne Behandlung einen solch erlebnisreichen Lernprozess für mich darstellen würde, hatte ich so intensiv nicht erwartet. Jedes Tier und jeder Mensch lehrte mich etwas. Nach jeder Behandlung war ich um eine Erfahrung reicher. Auch bevor ich begann, Tiere zu behandeln, lehrten mich Tiere schon einiges – was ich nun erst wirklich realisierte! Je mehr ich mich über die Eigenschaft eines Tieres wunderte, desto mehr versuchte ich herauszufinden, wie so etwas funktionieren konnte. Tiere sind so verschieden, auch innerhalb derselben Tierart, so wie auch Menschen sich nicht unbedingt gleichen, denn jeder trägt ein unterschiedliches „Erfahrungsrucksäckchen" mit sich herum. Darum ist jede Behandlung Neuland für mich, obwohl ich die gleiche Behandlungsmethode schon etliche Male vorher angewandt habe.

In diesem Kapitel möchte ich zeigen, was ich früher (ohne energetische Kenntnisse) von Tieren gelernt habe und was ich heute noch von ihnen lerne. Zum Schluss schreibe ich noch ein paar allgemeine Gedanken zu der jeweiligen Tierart nieder, denn auch die speziellen Eigenschaften eines Tieres – oder eine spezielle Situation – können durchaus Erstaunliches entstehen lassen.

Frühe Erfahrungen mit Tieren

In den 1970er Jahren lebte ich mit meinen Eltern in Mexiko und kam eher unverhofft und über Umwege zu einem Hund. Snoopy war eine kleine Hündin, in etwa wie ein Pekinese, doch mit einer etwas längeren Schnauze und auch etwas längeren Beinen. Sie lebte bereits ein paar Jahre bei uns, als uns wieder ein transatlantischer Umzug zurück nach Europa bevorstand. Da Snoopy „mein" Hund war, wurde ich dazu bestimmt, die nötigen Papiere für ihn ausstellen zu lassen sowie den Flug in meiner Begleitung zu arrangieren. Der Papierkram war kompliziert, doch schaffte ich es, alles Notwendige zu bekommen und flog eines Tages mit Snoopy nach Frankfurt. Bei der Ankunft in Deutschland wartete jedoch eine Überraschung auf mich.

Nach dem Zoll und der tierärztlichen Kontrolle kam ich mit Koffer und Hund in die große Flughafenhalle, wo meine Großeltern standen, die uns liebenswürdigerweise abholten. Als sie mich begrüßten, reagierte mein Hund erstaunlicherweise nicht – als würde er sie bereits kennen. Bereits da war ich erstaunt. Als meine Großmutter dann ganz spontan zu mir sagte: „Gib mir mal den Hund, dann hast du wenigstens eine Hand frei", wollte ich sie noch warnen, dass Snoopy dies nie akzeptieren würde. Doch meine Großmutter hatte bereits die Hundeleine geschnappt und lief los, mein Hund fröhlich und mit erhobenem Schwanz neben ihr her trabend. Ich war sprachlos: Es sah wirklich aus, als würden sie sich schon seit einer Ewigkeit kennen, dabei hatten sie sich noch nie gesehen. Mein Hund akzeptierte meine Großeltern von der ersten Sekunde an und liebte sie innig. Ich glaube, dass zumindest meine Großmutter auch eine Gabe für Tiere hatte, denn sonst finde ich keine sinnvolle Erklärung für diese spontane Freundschaft. Oder können Hunde Familien-Bande spüren? Ich war fassungslos – und auch sehr glücklich darüber!

Bereits als junger Mann (dem Energien noch völlig fremd waren) fragte ich mich bei solchen überraschenden Ereignissen, was Tiere wirklich spüren konnten. Woher hätte mein Hund wissen können, dass meine Großmutter zur Familie gehört? Und woher auch, dass sie Tiere liebte? Sie hatte sich noch nicht mit der Hündin unterhalten – das kam erst zu Hause! Snoopy stieg auch ganz selbstverständlich in ihr Auto ein – das natürlich nach meinen Großeltern roch – obwohl sie dies sonst auch bei guten Freunden nicht machte. Kann dies alles mit subtilen Duftnoten erklärt werden oder wirkt da eine Art von emotionaler Intelligenz dahinter, also ein instinktives Gespür?

Viele Jahre später musste ich wieder an dieses Ereignis denken. Meine Frau und ich hatten wieder angefangen zu reiten und nahmen jeden Montagabend Reitunterricht mit einer netten Gruppe. Mit diesen Leuten gingen wir oft nach dem Reiten noch etwas essen in ein nahegelegenes Restaurant. Ein Reitkollege – ich nenne ihn einmal Werner – hatte an dem Abend seine ältere Dackelhündin Rita dabei. Es war das erste Mal, dass ich sie sah. Werner und ich saßen nebeneinander, und die Hündin legte sich unter den Tisch. Nach einem Weilchen spürte ich eine Nase, die mein Bein anstupste. Ich hob das Tischtuch etwas hoch und sah eine Schnauze und zwei treu blickende Augen. Da fragte ich Rita: „Na, was möchtest du denn?" Ich dachte, dass sie um Nahrung betteln würde. Falsch gedacht: Kaum hatte ich meine Frage gestellt, sprang sie auf meinen Schoß und rollte sich dort sofort zusammen. Ich musste lachen, denn es war Winter und der Restaurant-Fußboden sicher sehr kalt.

Ich deckte sie einfach mit meiner Serviette zu, damit sie Ruhe hatte und keine Essensspritzer abbekam. Werner hatte das Ganze natürlich beobachtet und musste herzhaft lachen. Er hob die Serviettenecke etwas an und fragte Rita: „Wo bist du denn da? Gehst du heute Abend fremd? Das machst du doch sonst nie!" Die Hündin behielt beide Augen fest verschlossen und hoffte nur, nicht wieder herunter zu müssen. Sie durfte (ausnahmsweise) bleiben und rührte sich den ganzen Abend nicht. Ohne mich zu kennen, hatte sie also gespürt, dass sie bei mir willkommen war. Heute weiß ich, dass die Hunde-Aura mindestens drei- bis viermal so groß ist wie die menschliche[9] und ich mich daher mitten in Ritas Aura befand, als diese noch unter dem Tisch lag. Da musste die Hündin natürlich meine Tierliebe spüren, denn warum wäre sie sonst auf den Schoß eines Unbekannten gesprungen? Tiere spüren viel mehr als Menschen und auch viel mehr, als Menschen ahnen. Heute profitiere ich von diesem Gespür. Wenn ich zu Leuten komme, um ihren Hund zu behandeln, dann empfangen mich diese in den meisten Fällen recht freudig. Das freut auch mich immer, denn wenn ich beim ersten Kontakt akzeptiert werde, dann wird auch die Behandlung meistens gut aufgenommen. Es geschieht übrigens auch, wenn ich nur zu Besuch komme, also ohne Behandlungsabsicht.

Placebo-Effekte bei Tieren?

Wenn ein Arzt einen Menschen medikamentös erfolgreich behandelt, dann wird dies heutzutage als normal betrachtet, obwohl eine Heilung eigentlich noch immer ein kleines Wunder darstellt. Wenn jedoch jemand Menschen alternativmedizinisch erfolgreich behandelt, dann hört man oft, dass dies ein sogenannter *Placebo-Effekt*[10] sei, also eine reine psychologische Reaktion, ausgelöst durch das Vorstellungsvermögen des menschlichen Patienten. Wie Sabine Arndt und Petra Kriegel so schön schreiben: *„Interessant ist [in diesem Zusammenhang], dass alle therapeutischen Maßnahmen ohne naturwissenschaftlichen Nachweis bei positiver Wirkung als Placebo-Effekt bezeichnet werden.“*[11] Wenn Wissenschaftler etwas nicht erklären können, dann hat es also

---

9 Die Aura in ihrer Ganzheit betrachtet, also alle sieben Schichten!
10 Placebos sind Medikamente ohne Wirksubstanz, also theoretisch ohne Wirkung.
11 Arndt, Kriegel, 2012, S. 44.

angeblich eine Placebo-Wirkung. Sicher ist, dass in jedem Erfolg auch ein Teil der Heilung durch die Vorstellungskraft (unseren Glauben!) hervorgebracht wird. Man spricht hier von „Selbstheilungskraft" – und diese ist nicht zu unterschätzen. Dies zeigen viele pharmazeutisch-medizinische Studien zu neuen Wirksubstanzen. Besonders bei Psychopharmaka ist der Anteil des Placebo-Effektes extrem hoch, sehr zum Leid der pharmazeutischen Industrie, denn dadurch wird der Beweis zur Wirkung ihrer neuen Substanz relativiert.

Doch wie sieht es bei Tieren aus? Können diese wirklich genesen, wenn wir ihnen eine wirkungslose Pille geben? Tiere glauben meines Erachtens nicht an eine mögliche Wirkung von Pillen, da sie nicht wissen, was eine Pille ist – und sie hegen daher keine Erwartung an diese. Ich persönlich bezweifle daher einen möglichen Placebo-Effekt bei Tieren, doch glaube ich an eine starke Selbstheilungskraft in jedem Lebewesen, besonders bei Tieren. Entweder wirkt eine bestimmte (Wirk-)Substanz in einem Präparat oder es muss eine (mit Information versehene) Energie sein. Ich kenne keine Substanz, welche zum Beispiel nach einem Knochenbruch den Knochen wieder zusammenwachsen lässt. Der Körper selbst steuert diese Heilungsbefehle, um die Knochensubstanz am richtigen Ort und in der richtigen Menge produzieren zu lassen: Er heilt sich also selbst. (Der vom Arzt angelegte Gips sorgt dafür, dass der Knochen wieder gerade zusammenwachsen darf.) Die Nerven, welche diese Körperbefehle an den richtigen Ort bringen, leiten bekanntlich Schwachstrom, also Energie, und jeder Stromfluss bewirkt bekanntlich ein elektromagnetisches Feld. Da jedes Lebewesen eine messbare (Lebens-)Energie besitzt, können sich demzufolge alle Lebewesen durch diese Magnetfelder gegenseitig beeinflussen. Eine energetische Behandlung stellt daher für mich nichts anderes als solch einen gegenseitigen Einfluss dar. Der Behandler leitet dabei eine höhere Energie in ein Tier (oder einen Menschen) und versieht sie noch zusätzlich mit einer Information.

Es ist ein bisschen wie ein Telefongespräch: Der Strom transportiert die Information der Person, die gerade spricht, zum richtigen Zuhörer am anderen Ende der Leitung. Tiere spüren solche (feinstoffliche) Energien – und manche sehen sie wahrscheinlich auch. Auf dieser Ebene sind Tiere daher wunderbare und feinfühlige Lehrmeister. Sie spielen uns nichts vor: Entweder bewirkt unsere Therapie etwas oder nicht. Doch Tiere tun nicht „so als ob", um uns zu erfreuen. Wie oder wieso reagieren also verschiedene Tiere auf eine energetische Behandlung?

Pferde

Da Pferde einen großen Platz in meinem Leben einnehmen und auch erstaunliche telepathische Fähigkeiten besitzen, möchte ich mit ihnen beginnen. Kaum ein Tier hat so viel zur Entwicklung des Menschen beigetragen wie das Pferd. Sei es bei der Jagd, im Krieg oder bei dem Transport von Menschen oder Waren: Das Pferd hat das Leben der Menschen in den letzten 4000 Jahren grundlegend verändert. Viele Menschen glauben, dass die Pferde einfach von den Menschen unterjocht wurden, doch die wenigsten begreifen, wie hilfsbereit Pferde sind und wie willig sie den Zweibeinern helfen, selbst unter den grausamsten Lebensbedingungen der Kriege und der Armut. Wie viele Pferde mussten für ihre Menschen leiden und wie viele tun es heute noch? Denken wir nur an die Müllpferde in Argentinien! Jedes andere Tier hätte schon lange seinen „Dienst" für den Menschen eingestellt, doch die Müllpferde arbeiten unter den schlimmsten Bedingungen bis zu ihrem Tod für den Menschen. Würden die Pferde uns nicht lieben, wären sie wohl nie so ausgenützt worden. Als Reiter kann ich nur bestätigen, dass die einzige wirklich effektive Methode, einem Pferd etwas beizubringen, ist, mit ihm zu spielen. Sogar die höchsten Dressur-Lektionen der „Schule über der Erde" finden wir bei den jungen Fohlen wieder, die auf ihrer Fohlenweide zusammen spielen. Wenn ein Pferd Freude an den Dingen hat, die ihm sein Mensch beibringt, dann macht es diese mit Begeisterung bis zur vollendeten Form. Wird ein Pferd zu etwas gezwungen, wird es das Gelernte immer nur „mittelmäßig" und widerwillig realisieren. Pferde dienen uns, weil sie uns lieben! Und wir?

Pferdeliebe als Kind – Basis für heutige Behandlungen

Als ich noch ein Kind war, begannen meine Eltern zu reiten und hatten nach kurzer Zeit auch ein eigenes Pferd. Sie kamen zwar total unerwartet dazu, doch war es Liebe auf den ersten Blick für uns alle. Damals spürte ich, wie unser Pferd – und andere auch – sehr behutsam mit mir umging. Wie gesagt, genoss ich wahrscheinlich den „Kinderschutz", den viele Tiere gegenüber unschuldigen Wesen aufweisen. Es hat bestimmt auch damit zu tun, dass Kinder nichts von einem Tier wollen oder erwarten, im Gegensatz zu erwachsenen Reitern. Doch irgendwie spürte ich, dass die Pferde immer auf mich aufpassten, damit mir ja nichts zustieß. Man könnte geneigt sein zu sagen, dass ein Kind irgendwelche Mutterinstinkte bei Stuten erweckt, doch das Pferd meiner Eltern war ein Hengst, und er zeigte sich genauso fürsorglich mir gegenüber wie eine Stute oder ein Wallach. Wenn ich ein Pferd am Halfter grasen ließ oder es nach einem Springturnier noch etwas an der Hand führen musste, so war mir niemals wirklich bewusst, dass ich es mit einem mehrere Hundert Kilo schweren, muskelbepackten Tier zu tun hatte. Das Pferd folgte widerstandslos meinen Anweisungen; und da die Hunde im Stall auch alle sehr lieb zu mir waren, bekam ich somit das Gefühl, das Tiere allgemein ganz liebevolle Wesen sind. Dieses Gefühl habe ich übrigens bis heute behalten, denn bei aggressiven Tieren suche ich den Ursprung der Aggressivität immer zuerst bei den Menschen um sie herum.

Ich wuchs mit Pferden auf und vertraute ihnen, auch wenn bei mancher Reitstunde das mir zugewiesene Pferd einmal „den Turbo-Gang" einlegte. Dieses Vertrauen ist noch heute die Basis für meinen Umgang mit Pferden. Ich glaube immer noch, dass ich zu dieser Zeit – unbewusst – vieles bei Pferden beobachtete, was ich heute bei den energetischen Therapien noch verwende. Ich steige zum Beispiel nie auf ein Pferd, ohne dass ich mich ihm vorstelle und es an mir riechen lasse. Das Gleiche mache ich, wenn ich zu einem Tier komme, um es zu behandeln. Bevor man mit einem Menschen über irgendein Thema diskutiert, sagt man schließlich auch zuerst „Guten Tag". Wenn ich ein Pferd umarmte – soweit es meine damalige Körpergröße zuließ – dann bemerkte ich immer, wie die Tiere es genossen. Ich strahlte wahrscheinlich pure Liebe aus und bekam daher auch immer Liebe zurück. Es war eine unschuldige Art, den Pferden die Hände aufzulegen, und meine Absicht war ‚nur', ihnen zu zeigen, dass ich sie liebte. Als Kind konnte ich mich noch so sehr begeistern wie ich es als Erwachsener nicht mehr kann. Einerseits leben Kinder noch als reine Seele in „ihrer Welt" – also vollkommen im „Hier und Jetzt" – andererseits sind Kinder noch irgendwie ursprünglicher als Erwachsene, also etwas näher an der Natur und nicht von den Regeln unserer Gesellschaft konditioniert. Wenn ich mich heute für eine energetische Therapie vorbereite, versuche ich eigentlich nichts anderes, als mich wieder in das begeisterungsfähige und unvoreingenommene Kind von damals zu versetzen. Damit kann ich emotional am besten mit Tieren kommunizieren.

Wenn Sie mich heute fragen würden, ob ich schon als Kind eine besondere Beziehung zu Tieren hatte, würde ich wahrscheinlich mit Ja antworten; und würden Sie mir diese Frage zu Pferden stellen, so würde ich Ihnen wahrscheinlich sagen, dass ich damals begann, diese Beziehung aufzubauen. Heute muss ich meditieren und auf meine Gedanken achten, um mit einem Pferd kommunizieren zu können. Damals wusste ich noch gar nicht, was Meditation ist, und doch verhielt ich mich wahrscheinlich mit Tieren intuitiv richtig. Ich konnte später als Teenager auch mit Pferden ausreiten, die als etwas verrückt oder zumindest als unberechenbar galten. Das gegenseitige Vertrauen erlaubte mir dies, denn meine reiterlichen Fähigkeiten hätten wohl alleine nicht ausgereicht. Oft hatte ich den Eindruck, dass ein Pferd mehr auf meine Gedanken reagierte als auf meine Reiterhilfen, doch es war mir noch nicht klar warum. Was man als Kind von Tieren lernt – auch wenn es völlig unbewusst ist – behält man ein Leben lang in sich. Meine Kindheit, umgeben von Tieren und insbesondere von Pferden, ist nicht ohne Auswirkung bei meiner Art, wie ich heute Pferde energetisch behandele – und dessen war ich mir lange nicht bewusst. Ich habe zwar HTA als Erwachsener gelernt, doch die Tiere waren eigentlich schon immer meine Lehrmeister; und dies erwachte bei den HTA-Lehrgängen wieder in mir. Aus diesem Grunde arbeite ich heute immer intuitiv und nach Gefühl. Auch unser eigenes Pferd lehrt mich, dass ich mehr auf mein Herz hören muss als auf meinen Kopf.

Eine starke Pferdeseele

Als wir unser erstes eigenes Pferd verloren, passierte etwas Unglaubliches. Doch um das besser erklären zu können, muss ich das Rad der Zeit nochmals etwas zurückdrehen. Als meine Frau und ich zu unserem ersten Pferd Abdraman, einem wunderschönen 13-jährigen Lusitano-Hengst, kamen, lebte er auf einem sehr großen Hof in Frankreich mit vielen anderen Artgenossen. Es waren an die zwölf Hengste und eine große Menge Stuten. (Und natürlich noch viele weitere Tiere, die man auf einem Hof findet.) Abdraman war damals, als Schimmel, schon ganz weiß, mit einer grauen Nase, auf der er eine rosa Blesse hatte. Er war nicht sehr groß, doch sehr kräftig und robust und daher eher ein Männerpferd in den Reitstunden. Obwohl er sehr liebenswürdig und geduldig mit den Menschen war, so hatte er doch eine enorme mentale Stärke, wenn es darum ging seinen Rang gegenüber anderen Pferden durchzusetzen (ohne Kampf!). Er war sehr zugänglich, lieb und ein toller Reitlehrer. Wer wenig von ihm verlangte, dem schenkte er alles, wer jedoch präzise Hilfen[12] anwendete und etwas schwierigere Übungen mit ihm machen wollte, dem gehorchte er so genau, dass er auch die falschen Hilfen als solche ausführte – nämlich als Fehler. Der Reiter musste also wirklich auf jede einzelne Körperbewegung achten. Er hatte eine hochkarätige Ausbildung genossen und machte – bei den richtigen Hilfen – sogar perfekte Levaden.

Abdraman und ich hatten von Anfang an eine privilegierte enge Verbindung zueinander, und später nahm er auch meine Frau in diese Verbindung auf. Zuerst dachte ich, dass wir uns gut verstehen würden, da ich ihn oft reiten durfte und wir daher öfters zusammen waren. Doch die Besitzer (Pferdezüchter und Freunde von uns) erklärten mir, dass Abdraman zwar sehr lieb zu allen Menschen sei, ihnen auch einige Reitfehler verzeihen würde, doch sie total ignorierte, sobald er wieder in seiner Box stand. Dann wollte er seine Ruhe haben und seinen Tag mit Pferden statt Menschen teilen. Nicht so bei mir. Jedes Mal, wenn wir kamen, begrüßte er mich sehr freudig, hielt mich am Ärmel fest und zeigte mir auch nach der Reitstunde, dass er mich schätzte. Er liebte es, von mir gestreichelt zu werden und Komplimente zu bekommen.

Die Hengste auf dem Hof hatten eine genaue Rangordnung untereinander festgelegt – und Abdraman war die Nummer zwei. Sein großer Freund Beethoven war die unangefochtene Nummer eins. Beide lebten jedoch sehr gut damit und waren die besten Freunde. Sie stritten nie um die Rangordnung miteinander und

---

12   Hilfen = Befehle des Reiters, welche über Gesäß, Beine, Körperhaltung und allenfalls noch über die Zügel an das Pferd gegeben werden.

waren gerne zusammen. Eines Tages sprang Abdraman sogar über die zwei Meter hohe Umzäunung seiner Hengstweide, um einfach friedlich bei seinem guten Freund weiter zu grasen. Diese sehr starke Pferdefreundschaft beeindruckte viele Leute und natürlich auch uns. Wir wollten die beiden nicht trennen, doch sie sollten von „Schulpferden" (nur für Einzelunterricht) nun zu Privatpferden werden, damit die Belastung durch den Wechsel der Reiter im Alter nicht zu groß wurde. Auch sein Freund Beethoven sollte später den Ort wechseln, zu einem Menschen, mit dem er sehr gut auskam.

Wir selbst hatten davor noch nie ein eigenes Pferd gehabt und waren etwas nervös. Sollten wir zuschauen, wie ihn jemand kaufte, oder sollten wir ihn zu uns nehmen, um diese wunderschöne Freundschaft erhalten zu können? Egal in welchem Alter man sein erstes Pferd kauft, das erste Mal ist immer etwas Neues. So lernten wir eifrig, was wir alles tun mussten, damit es ihm bei uns gut gehen konnte, und kauften ihn schließlich. Wir kauften ihm als erstes kleines Geschenk ein neues Halfter, damit er nun sein eigenes hatte, denn er blieb noch einige Monate auf dem Hof, bis wir in unserer Gegend einen geeigneten Ort für ihn fanden. Als ich ihm beim nächsten Besuch das neue Halfter anlegte und ihn durch den Stallgang zum Putzplatz führte, lief er extrem langsam hinter mir her. Ich war verwundert und drehte mich um, um zu schauen, was los war. Da beobachtete ich, wie er stolz und genüsslich an seinen Boxen-Nachbarn vorbeilief und ihnen mit erhobenem Kopf das neue Halfter vorführte. Man hätte meinen können, dass er seinen Freunden zeigte: „Ich bin nun ein Privatpferd." Unsere Freunde und meine Frau mussten herzhaft lachen und hatten den gleichen Eindruck wie ich bekommen.

Eines Tages kam also der große Transport zu uns in die Schweiz. Er bekam eine schöne Außenbox und ein weiterhin schönes Leben, nach einer kurzen Umgewöhnungsphase. (Die vielen Autos und Lastwagen waren ihm noch fremd!) Wir ritten ihn auf einem großen Sandviereck oder machten schöne lange Ausritte, auch entlang des kleinen Sees unweit des Stalles. Im Winter longierten wir ihn bei schlechtem Wetter in einem überdachten Round-Pen. Dabei lernten wir, dass er in einem Round-Pen gar keine Longe benötigte. Mit der Köperhaltung und der Stimme konnten wir ihn wunderbar dirigieren, und er machte willig mit. Es war eine wunderschöne Zeit, doch leider viel zu kurz. Nach einem Jahr bekam er eine schlimme Kolik und musste im Tierspital operiert werden. Trotz zweier operativer Eingriffen konnte er nicht gerettet werden und wurde leider eingeschläfert. Es war das wohl dramatischte Erlebnis in unserem Leben. Wir hatten außer ihm damals keine anderen Tiere, und durch seine starke Präsenz und die gegenseitige große Liebe, die uns verband, nahm er viel Platz in unserem Leben ein.

Als wir den ersten Schock überwunden hatten, riefen wir natürlich zwei Tage später unsere Freunde in Frankreich an, um sie über diese tragische Situation zu informieren. (Über den Spitalaufenthalt hatten wir sie bereits informiert). Unsere Freundin meinte dann, dass sie es bereits vermutet hatte, denn zwei Tage davor sei Beethoven auf seiner Weide so herumgetanzt, wie er es sonst nur zusammen mit Abdraman gemacht hatte. Er spielte eindeutig mit einem anderen Pferd, und da sie keines sehen konnte, „wusste" sie, dass Abdraman da war, um sich von seinem besten Freund zu verabschieden. Es schien uns unglaublich, doch der Zeitpunkt und das Tierverhalten stimmten derart überein, dass wir ihre Ansicht teilten. Wir mussten über dieses Ereignis zwar weinen, doch waren es die einzigen Freudentränen in dieser Zeit.

Ein paar Tage später wachte ich nachts auf – und sah unser Pferd neben dem Bett stehen. Er war ganz weiß – er war ja auch ein schöner Schimmel – nur irgendwie leicht durchsichtig, doch er war es, da gab es keinen Zweifel. Zuerst stand er ein Weilchen ganz ruhig neben dem Bett, dann hüpfte er kurz um das Bett herum, wie um mir zu zeigen, dass es ihm gut ginge. Danach kam er nochmals auf meine Seite, streckte seine Nase kurz zu mir – mir war, als hätte ich ihn riechen können, und er hatte einen tollen Pferdekörpergeruch! – dann galoppierte er durch das Fenster hinaus in die Nacht. Ich erwachte aus meiner Starre und hüpfte aus dem Bett, raste zum Fenster, aber konnte ihn nicht mehr erblicken. Danach konnte ich lange nicht mehr einschlafen und fragte mich in den folgenden Nächten immer wieder, ob er noch einmal erscheinen würde. Doch er war nun für immer gegangen. (Meine Frau bereut es heute noch, dass ich sie nicht geweckt habe, doch ich war damals so erstarrt, dass ich mich weder regen noch sprechen konnte.)

Abdraman ist mir allerdings vor ein paar Jahren, während einer Gruppenmeditation in einem Seminar, wieder erschienen. Wir sollten in der Meditation herausfinden, welches das schlimmste Ereignis unseres Lebens war. Vor der Meditation war ich mir nicht sicher, da ich schon so viele Tiere überlebt hatte, so dass es der Verlust von jedem einzelnen hätte sein können. Auch geliebte Menschen waren bereits gegangen. Es hätte auch mein Burnout sein können, einer meiner Spitalaufenthalte oder berufliche schwere Momente. Ich wusste es wirklich nicht. Doch während der Meditation erschien mir plötzlich Abdraman. Er schaute mich an, als wolle er mich trösten, denn irgendwie war er sich bewusst, dass sein Tod mein schlimmstes Erlebnis war und noch immer ist. Er zeigte mir jedoch auch dieses Mal, dass es ihm gut geht, dass er glücklich ist und ich ihn jederzeit um geistige Unterstützung bitten darf. Der enorme Wert dieses Angebotes wurde mir allerdings erst bei meiner Ausbildung zum „Tierheiler" bewusst. Ich bin ihm noch heute unendlich dankbar für seine Freundschaft, seine Liebe und seine große Unterstützung.

Ich konnte lange Jahre nicht verstehen und auch nicht akzeptieren, warum wir damals so „bestraft" wurden und warum dieses wunderbare Pferd mit fünfzehn Jahren gehen musste. Heute bin ich überzeugt, dass er Platz machen musste, damit unser jetziges Pferd zu uns kommen konnte. Für ihn war es irgendwie dringend, vom gewinnbringenden Deckhengst zum geliebten Familienmitglied zu werden. Seine Lage war, von menschlicher Seite her, wahrscheinlich etwas instabil, und daher suchte „das Universum" schnell einen geeigneten Platz für ihn. Es brauchte viel Zeit und einige Pendel-Sitzungen für mich, um das herauszufinden. Doch Dario, auch ein wunderschöner Lusitano Hengst – und wieder ein Schimmel – kam nach etwa einem Jahr zu uns und begleitet uns nun liebevoll seit über neunzehn Jahren! Und wieder so ein „Zufall": Er hat am gleichen Tag wie ich Geburtstag ...

Telepathische und fühlende Pferde

Dario wurde natürlich zu meinem regelmäßigsten Patienten, einerseits weil er – wie die meisten Schimmel – Schimmelkrebs hat und andererseits, weil er ein sensibler und toller Lehrmeister ist. Um ihn zu behandeln, muss ich ihn nicht einmal anbinden: Er bleibt schön ruhig stehen und lässt sich gerne behandeln. Er zeigt mir auch immer sehr deutlich, was er als Behandlung bekommen möchte und was nicht. Wähle ich die für ihn in dem Moment passende Behandlung, bleibt er still und aufrecht stehen, wähle ich eine genau dann unpassende Behandlung, so entfernt er sich um ein paar Schritte. Es kann aber gut sein, dass er diese „unpassende" Behandlung ein paar Minuten später akzeptiert, und das weiß ich nun zu deuten als: „Die Behandlung bekommt mir gut, doch vor dieser benötigte ich eben die andere." Wenn ich die Hände aufgelegt habe, kann ich ganz gelassen warten: Er macht einen kleinen Schritt von mir weg, sobald er fühlt, dass ich meine Hände in die nächste Position bringen kann. Ein wahrhaft sensibler Lehrmeister! Heute spüre ich die Energie in meinen Händen und weiß daher auch so, wann ich die Hände weiterführe, doch das habe ich von Dario gelernt! Das Einzige, was ich bei Dario nicht heilen konnte, ist der Schimmelkrebs. Daran verzweifelte ich fast. Als ich mit Carol Komitor (der Gründerin und Entwicklerin von *Healing Touch for Animals*) darüber diskutierte, bestätigte sie meine Vermutung: Wenn es das Schicksal des Pferdes ist, Schimmelkrebs zu bekommen, dann gehört es zu seinem Karma und kann von uns nicht geheilt werden. Nun behandele ich Dario auf Lebensqualität, Schmerzfreiheit und bessere Nahrungsverwertung. (Da unser Dario mittlerweile sechsundzwanzig Jahre alt ist, kann er gewisse Nahrungsmittel, wie zum Beispiel Heu, nicht mehr optimal kauen und verwerten und braucht daher Seniorenfutter, um nicht zu verhungern.)

Eingangs erwähnte ich, dass Pferde erstaunliche telepathische Fähigkeiten besitzen, und Dario bewies es mir schon oft. Wenn ich mit ihm in der Reithalle oder auf dem Sandviereck im Freien arbeite und wir ganz alleine sind, habe ich diese Fähigkeit schon oft getestet. Ich achte darauf, dass ich keine Körperbewegung mache und völlig still auf ihm sitze. Denn oft haben wir das Gefühl – speziell beim eigenen Pferd – dass es reicht, an eine Übung zu denken, und schon macht sie das geübte Pferd. Das stimmt in einem gewissen Maße auch, denn wenn wir vom Hufschlag (der Hallenwand entlang) zum Beispiel eine kleine Volte einleiten wollen, dann reicht oft der Gedanke bereits, um unsere Körperhaltung unmerklich zu verändern, was ein gut ausgebildetes Pferd natürlich sofort spürt und als „Befehl" empfängt. In den Momenten der Zweisamkeit, wenn ich prüfen möchte, ob Dario und ich auch telepathisch kommunizieren können, muss ich deshalb sehr stark auf meine Körperhaltung achten. Ich versuche, keinen Muskel anzuspannen, welcher ihm irgendeinen Befehl geben könnte, und auch nicht den Kopf in die anvisierte Richtung zu drehen, sondern nur zu denken, „bei „K"[13] nehmen

---

13 Entlang einer Hallenwand gibt es Buchstaben, an denen man sich für gewisse reiterliche Figuren orientieren kann.

wir die Hallendiagonale, um einen Seitenwechsel zu machen". Es ist unglaublich, dann zu beobachten, wie er genau bei „K" auf die Diagonale abbiegt. Ich kann auf diese Weise auch einen Übergang vom Galopp in den Trab oder andere Dinge verlangen – und es klappt genauso. Er macht dabei gerne mit und zeigt mir; dass das, was für mich erstaunlich ist, für ihn doch ganz normal ist. „Ich weiß doch immer, was du da oben von mir erwartest."

Heute benutze ich diese telepathischen Fähigkeiten der Pferde, um sie zu behandeln oder um sie vor der Behandlung um Erlaubnis dafür zu bitten. Oft frage ich sie auch, wo das Problem bei ihnen liegt, und bekomme in der Regel einen intuitiven Gedanken als Antwort. Diese „Antwort" erweist sich meistens als richtig. Während der Behandlung kann ich ihnen dadurch vermitteln, was ich gerade mache und was meine Behandlungsabsicht ist. Wenn die Absicht mit dem Bedürfnis des Pferdes übereinstimmt, wird es die Behandlung annehmen, sonst wird es mir zeigen, dass es dies in diesem Moment nicht möchte oder braucht. In dem Moment versuche ich natürlich, meine Abklärung über die Beschwerden des Pferdes zu überprüfen und zu vertiefen. Vielleicht liegt die Ursache des „Leidens" ganz woanders, als ich angenommen habe. Diese Unterstützungen von Tieren sind sehr wichtig für mich. Seit das Pony in Holland mich so freudig begleitete, weiß ich, dass meine Gedanken bei Tieren – besonders bei Pferden – ankommen und ich daher genauestens darauf achten muss, was ich gerade denke.

Tierische Entscheidungsfreiheit

Wenn ich vor der Behandlung mit einem Tier kommuniziere, dann stelle ich mich ihm vor, erkläre ihm, warum ich da bin und was genau meine Absichten sind. Für mich ist das eine sehr wichtige Phase, welche anscheinend oft übersehen wird. Ich habe gelernt, dass ich vor jeder Tierbehandlung das Einverständnis des

Besitzers einholen muss. Das ist für mich eigentlich etwas völlig Normales, besonders in unserer besitzorientierten Gesellschaft. Ich behandele prinzipiell kein Tier, ohne dass mich sein Besitzer dazu ermächtigt. Doch – und deshalb stört mich das Wort „Besitzer" derart – besitzen wir wirklich ein Tier? Auf dem Papier, also juristisch gesehen, natürlich schon. Doch kann ein Lebewesen ein anderes „besitzen"? Sind wir nicht eher verantwortungsvolle Partner und Freunde für eine gewisse Lebensdauer oder Zeit? Aus dieser Sicht betrachtet, ist für mich ein Tier, besonders ein Haustier, ein freies Lebewesen, das sich unter unsere wohlwollende Obhut begibt. Darum ist es für mich unabdingbar, dass ein Tier selbst das Recht hat zu entscheiden, ob es sich von mir behandeln lassen möchte oder nicht, und um dies überhaupt entscheiden zu können, muss das Tier auch begreifen, was die vorgesehene Behandlungsabsicht für es selbst bedeutet.

Diese Entscheidungsfreiheit der Tiere ist ein Thema, das ich sehr selten irgendwo vorfinde, doch für mich hat es eine zentrale Bedeutung in der energetischen Behandlung der Tiere. Möchte ein Tier keine Behandlung, dann bin ich völlig machtlos ihm gegenüber und kann oder darf es auch nicht behandeln. Bei Menschen ist es übrigens genau gleich, nur dass mir Menschen ihren Willen verbal mitteilen können. Wichtig ist für mich dieser Aspekt vor allem bei meinen eigenen Tieren: Ich bin ja eigentlich ihr „Besitzer" und könnte also nach Lust und Laune entscheiden, was gut für sie ist. Ohne ihre eigene Entscheidung dazu, wäre dies reine Willkür. Übrigens: Auch wenn ich ein Tier trotzdem behandeln wollte, so würde es nicht funktionieren, denn die Energie kann dann nicht fließen. Ohne Empfänger – kein Sender!

Dabei erlebte ich etwas Lustiges bei einem der Kurse. Wir hatten gerade gelernt, wie man eine Fernbehandlung durchführen kann, und mussten nun als Übung ein Pferd in der Ferne behandeln. Ich war mit einer jungen Dame eingeteilt, die mir vorschlug, ihr Pferd „Sony" zu behandeln. Da sie es selbst regelmäßig zu

Hause behandelte, wollte sie, dass ich es einmal untersuchte, um zu sehen, ob wir beide zum gleichen Ergebnis kommen würden. Sie zeigte mir ein paar Fotos des Pferdes und gab mir einige Beschreibungen dazu. Ich konzentrierte mich also in Gedanken auf ihr Pferd und meldete mich telepathisch bei ihm an. Ich hatte plötzlich den Eindruck, als schaue mich das Pferd an, und vernahm einen Gedanken, den ich folgendermaßen in Worte übersetzen könnte: „Iiiiiiih. Wer bist denn du? Warum bist du in meinem Kopf und was willst du von mir?" Ich war überrascht, doch dachte ich mir, dass ich, wenn es wirklich das Pferd war, ich ihm auch diese Fragen beantworten sollte. Ich stellte mich also vor und erklärte ihm, dass ich gerade mit seinem Frauchen an diesem Kurs teilnehme und ihn nun fernbehandeln wolle. Da kam auch gleich die gefühlte Antwort „Ach so. Na, dann ist es ja OK."

Ich musste lachen und erklärte meiner Kurspartnerin, was ich soeben empfunden hatte. Sie musste laut lachen und meinte nur: „Dann ist es wirklich Sony, mit dem du gerade kommunizierst." Während der Behandlung bestätigte sie mir dies noch ein paar Mal und meinte, dass ihr Pferd so einzigartig sei, dass es genau zu dem passe, was ich ihr beschrieb, denn Sony war etwas ungeduldig und wollte, dass ich ihn etwas schneller behandele. Ich hatte also nicht geträumt, sondern tatsächlich mit Sony Kontakt gehabt. Ich selbst bekomme von den Tieren übrigens keine Sätze übermittelt, sondern Eindrücke oder Gefühle. Manchmal sind es auch Bilder. Doch Gefühle sind sehr stark und bedeuten für mich mehr als lange Sätze. Um sie hier zu erklären, muss ich natürlich versuchen, diese Gefühle in Worte umzusetzen. Vielleicht finde ich dazu nicht immer die richtigen Ausdrücke, doch die empfangenen Gefühle sind meistens sehr klar und verständlich für mich. Infolgedessen versuche ich auch, dem Tier keine langen Sätze zu übermitteln, sondern ebenfalls Bilder oder Gefühle. Um mit einem Tier in Gedanken kommunizieren zu können, sollten wir seine „Sprache" benutzen, und die besteht, meiner Ansicht nach, eben aus Emotionen. (Unsere Katzen benutzen immer mehr die emotionellen Laute, welche wir in unsere Sätze für sie legen, um uns darauf hinzuweisen, ob sie Hunger haben oder einfach nach draußen gehen wollen. Sie versuchen, irgendwie unsere Sprache zu erlernen, doch modifizieren sie nur ihr „Miau" auf verschiedene emotionelle Weisen.)

Kommunizieren über das Pferde-Chakra

Jedes Mal, wenn ich heute ein Pferd behandele, lege ich ihm meine Hand zwischen Hals und Schultermuskel. Dort befindet sich eine Art Chakra, welches man scheinbar nur bei Pferden so findet. Es gehört nicht zu der Reihe der üblichen sieben Körper-Chakras, und es ist auch kein echtes Energiezentrum – also kein Licht-Rad. Doch über diese Verbindung kann ich sehr gut mit einem Pferd Kontakt aufnehmen. Anfänglich spüre ich – nachdem ich mich und meine Absicht vorgestellt habe – nur, dass das Tier einverstanden ist mit einer Behandlung. Zwischendurch erhalte ich von dort aber auch eine emotionelle Rückmeldung, wie meine Behandlung ankam und was noch nötig wäre. Wenn ich ein Pferd nicht zum ersten Mal behandele, dann bekomme ich von ihm auch gleich zu Beginn das Gefühl übermittelt, wo ich etwas bei ihm tun sollte. Das hilft mir natürlich sehr. Am Ende einer Behandlung spüre ich dann die Zufriedenheit und den Dank des Tieres. Ab und zu kommt auch der Wunsch einer Mitteilung an den Besitzer oder Reiter. Diese gebe ich dann natürlich sofort weiter, allerdings verbal.

Diese Verbindung ist ziemlich erstaunlich, doch sie funktioniert nur dann gut, wenn das Pferd richtig entspannt ist. Telepathie – ob über die berührende Hand oder über eine größere Distanz – funktioniert nur, wenn beide Partner entspannt im „Hier-und-Jetzt" kommunizieren. Doch über diesen Berührungspunkt werden die Bilder und Emotionen am klarsten übermittelt. Zumindest für mich. Ich erfahre oft die Freude eines Tieres, wenn ich relativ schnell den Ort seines Leidens entdecke. Dann spüre ich etwas wie: „Jaaa, endlich bemerkt jemand, wo es mir wehtut!" Diese Tiere helfen mir dann bei weiteren Behandlungen am meisten, denn sie spüren, dass ich aufmerksam auf ihre „Wünsche" oder Bedürfnisse eingehe. Ich kann übrigens auch nach langer Zeit wieder zu einem Pferd kommen, das gerade am Dösen ist und den Besucher völlig ignoriert, ihm die Hand auf das „Pferde-Chakra" legen und dann sofort freudig begrüßt werden. Irgendwie habe ich das Gefühl, dass Tiere energetische oder geistige Kontakte besser in Erinnerung behalten als physische. Vielleicht sind sie einzigartig? Ich weiß es nicht, beobachte dies aber sehr oft.

Pferde und emotionelle Probleme

Eine Behandlung während eines Kurses hat mich jedoch über alle Maßen beeindruckt und auch geprägt. Ich musste einen braunen Wallach, ich nenne ihn hier Benny, von einem Trauma befreien. Ich holte ihn von der Weide, wo er völlig apathisch stand. Er fraß kein Gras und lief auch nicht auf seiner Weide umher. Er stand einfach nur da mit gesenktem Kopf. Ich konnte ihm ohne Probleme sein Halfter anlegen, und er marschierte dann willenlos hinter mir her in Richtung Reithalle. Das Pferd kam mir sehr depressiv vor und ignorierte völlig seine Umwelt. Wir fingen an, es energetisch zu behandeln und auch etwas aufzuladen. Ich bekam dann die Aufgabe, ihn von seinem Trauma zu befreien. Ich stand etwa eine halbe Stunde vor ihm und konnte beobachten, wie er sich anfangs gegen diese Trauma-Behandlung wehrte. (Tiere haben oft Angst, dabei ihr Trauma nochmals erleben zu müssen.) Eine Trauma-Behandlung ist die einzige Behandlung, bei der man etwas gegen den Willen des Tieres handeln muss, sonst bekommt man das Trauma nicht los. Nach etwa fünf Minuten akzeptierte er plötzlich die Behandlung und schaute mich an. Mir liefen die Tränen über die Wangen, obwohl ich keine Traurigkeit spürte. Da realisierte ich, dass das Pferd nun alle seine Emotionen auf mich ablud. Ich konnte die Tränen nicht stoppen, bemühte mich jedoch, mich selbst zu überzeugen, dass es nicht meine Emotionen waren, sondern dass ich nur die Informationen zu Bennys Trauma bekam. (Ich versuchte, mich emotionell abzugrenzen, um nicht selbst traumatisiert zu werden.)

Benny ließ sein Trauma nicht los, und wir baten eine Trainerin um Hilfe. Sie erklärte mir, dass ich eine Art mentalen Deal mit dem Pferd abschließen solle und dann einfach geduldig warten müsse. Während wir dies diskutierten, stieß Benny plötzlich einen sehr tiefen Seufzer aus: Er hatte sein Trauma losgelassen. Er kam auf mich zu, drückte seinen Kopf gegen mich und ließ sich streicheln und trösten. Da bemerkte ich erst, dass ich schweißgebadet war. Meine Kleider waren von oben bis unten durchnässt. Benny hob dann den Kopf, stellte die Ohren auf und zeigte uns ganz klar, dass es ihm nun wieder gut ging. Als ich ihn auf seine Weide zurückbrachte, lief er völlig aufgestellt neben mir her – nicht mehr hinter mir – und schubste mich ab und zu sanft mit der Nase. Als ich ihn wieder frei ließ, rieb er kurz seine Nase an mir, drehte sich um, machte ein paar fröhliche Sprünge und begann dann eifrig zu grasen. Er war nun ein völlig anderes Pferd. Das war beeindruckend. Obwohl ich ziemlich erschöpft war, konnte ich ein paar Freudentränen nicht unterdrücken. Jetzt spürte ich, dass ich einem Tier wirklich geholfen hatte und dies ab sofort mein Lebensziel sein würde.

Meine ersten Pferde-Behandlungen nach dem Kurs

Der erste freiwillige Patient, den ich bekam, war natürlich unser eigenes Pferd Dario. Ich erinnere mich noch genau, wie er gerade gemütlich auf seiner Weide graste, als ich zu ihm kam. Ich wollte ihn nicht mit dem Strick anbinden, denn sonst hätte er das Gefühl bekommen, dass ich ihn von der Weide wegnehme, auf die er erst kurz vorher kam. Ich ging also ganz ruhig zu ihm und fragte ihn, ob ich ihn behandeln dürfe. Er schien nicht besonders interessiert zu sein, sondern wollte eifrig weiter grasen. Als ich ihm die Hände auf den Rücken legte, stand er plötzlich ganz still und regungslos da. Er war sehr aufmerksam und entfernte sich kein bisschen von mir. Ich fragte ihn in Gedanken erneut, und er machte einen kleinen Schritt in meine Richtung, was ich als Ja deutete. Ich machte weiter und konnte von seiner Körpersprache (die ich ja gut kenne) her sagen, dass es ihm gefiel. Besonders, als ich seine Aura etwas vergrößerte, schien er sichtbar beeindruckt zu sein. In dem exakten Moment, als ich mit der Behandlung fertig war, senkte er den Kopf und wendete sich wieder seinem Gras zu. Er musste also wirklich gespürt haben, wie die Energie floss. Ich – als blutiger Anfänger – empfand dies als eine sehr positive Rückmeldung von ihm. Wie gesagt: Er ist ein toller und hilfreicher Lehrmeister.

Die Stute einer Bekannten – nennen wir sie einmal „Miranda" – sollte ich behandeln, um ihre Unsicherheit und ihr Hautekzem zu beseitigen. Während der Kontaktaufnahme erklärte ich ihr, dass ich sie energetisch behandeln wollte, sie also gute Energie von mir bekommen würde. Das wollte sie nicht und ging mir daher aus dem Weg. Ich war sprach- und ratlos! Aber ich musste ihre Entscheidung respektieren. Doch warum wollte sie nicht? Ich suchte lange nach plausiblen Erklärungen, fand jedoch keine. Ein paar ihrer Chakras waren gestört, und ihr Ekzem juckte. Als ich ihrer Besitzerin erklärte, dass ihr Pferd keine Energie bekommen wolle, meinte diese lachend: „Klar, davon hat sie ja mehr als genug." Sie hatte diesen Satz als Spaß hervorgebracht, doch genau dabei klingelte es in meinem Kopf: Konnte es sein, dass Miranda zu viel Energie hatte und daher nicht noch mehr bekommen wollte? Mein Pendel bestätigte es mir, und Miranda dann auch. Mein Vorschlag, ihre Energie etwas herunterzufahren, akzeptierte sie sofort und ließ sich dann gerne von mir behandeln. Ich zog ihr etwas Energie ab, behandelte ihre ängstliche Unsicherheit und innerhalb von ein paar Tagen verschwand auch ihr Ekzem vollständig. Die Stute wusste also genau, was ihr fehlte, beziehungsweise wovon sie zu viel hatte.

Pferde entspannen

In dem Stall gibt es immer ein oder zwei junge Frauen, welche helfen, die Pferde zu füttern und die Boxen zu säubern. Als ich anfing, einige Pferde zu behandeln, bemerkte ich, dass diese Stallmädchen beim Putzen immer die Box, in der ich mich gerade befand, übersprangen und später putzten, wenn ich wieder draußen war. Sie liefen im Gang vorbei und taten so, als würden sie nicht sehen, was ich gerade machte. Ich dachte, dass mein schwingender Pendel oder die Haltung meiner Hände am Pferd ihnen wohl nicht ganz geheuer waren und achtete daher nicht weiter darauf. Doch nach einer Woche kamen plötzlich beide zu mir und fragten etwas beschämt: „Dürfen wir dich mal fragen, was du mit den Pferden machst, wenn du bei ihnen in der Box bist?" Selbstverständlich. Ich erklärte ihnen, dass ich energetische Behandlungen durchführte und was ich damit bewirken konnte. Ich fragte sie daraufhin, warum sie dies wissen wollten. Da sagte mir die eine: „Es ist wirklich erstaunlich, denn jedes Mal, wenn du eine Box verlässt, ist das Pferd darin völlig ruhig und entspannt." Das war für mich ein wunderschönes Kompliment, das mich im Herzen berührte. So sollte es doch auch sein.

Heute ist die Entspannung übrigens noch immer ein wichtiger Punkt für mich. Wenn ein Tier aufgeregt ist, kann ich es kaum behandeln. Erstens wird es sich immer bewegen, um sein Umfeld zu beobachten, und zweitens ist es nicht „bei mir" oder bei der Behandlung, also im Hier und Jetzt. Da die Aufmerksamkeit fehlt, kommt die Behandlungsabsicht nicht richtig an. In solch einem Fall muss ich das Tier wirklich zuerst beruhigen und erst danach behandeln. Oft müssen wir dafür das Pferd an einen anderen Ort führen, damit es nicht mehr so stark den externen Reizen (neuer Boxennachbar, neue Stute im Stall usw.) ausgesetzt ist. Die meisten Reiter und Pferdebesitzer – besonders diejenigen, die energetische Behandlungen zum ersten Mal erleben – sind sehr beeindruckt, wie schnell und wie stark sich ihr Pferd entspannt. Die Körpersprache der Tiere zeigt dies natürlich auf ziemlich klarer Weise: Der Kopf senkt sich, die Ohren legen sich auf die Seite, die Unterlippe hängt etwas herab, der Penis hängt herunter und meistens entlasten sie noch ein Hinterbein. Ab und zu bekommen der Besitzer und ich das Gefühl, dass ihr Pferd gleich einschlafen wird; oder wie einmal eine humorvolle Dame passenderweise sagte: „Wenn ich ihn jetzt anstupse, kippt er um."

Pferde fühlen Energie – woher auch immer diese kommt

Bevor ich Pferde mit meinen Händen behandelte, hatte ich unser Pferd mit meiner Bio-Antenne[14] (fern-)behandelt, da ich damals nur diese Art von Behandlung kannte. Mein Pferd reagierte stets ganz gut darauf – und das freute mich. Das hat sicher die Umstellung auf das spätere Händeauflegen erleichtert. Eines Tages streckte das Nachbarpferd – nennen wir es hier Alfons – seinen Kopf zur Box heraus und hielt mich mit seinem Maul am Arm fest, ohne mir dabei weh zu tun. Ich war sehr verwundert, denn es war das erste Mal, dass mich Alfons so festhielt, obwohl ich ihn schon lange kannte.[15] Ich fragte mich (und ihn), was er denn von mir erwarte. Ich bot ihm einen Belohnungswürfel an, doch

---

14 Mehr dazu unter www.oecovita.com/shop/bioantenne-gros-vergoldet/
15 Er war ein sehr großes dunkelbraunes Pferd und ist 2016 mit sage und schreibe 31 ½ Jahren gestorben!

er hielt mich weiter fest, ohne auf den Würfel zu achten. (Das hatte ich bei ihm noch nie erlebt!) Doch was wollte er? Ich fragte ihn verschiedene Dinge, aber er reagierte nicht darauf. Da ich meinem Pferd gerade erklärt hatte, dass ich es von zu Hause aus behandeln würde, kam mir plötzlich diese Idee. Ich fragte Alfons: „Willst du auch behandelt werden?" Da ließ er mich sofort los.

Ich stand völlig fassungslos da. Das Pferd bittet mich um eine Behandlung? Nun ja, das konnte natürlich sein. Nachdem ich ihm seinen Belohnungswürfel gegeben hatte (jetzt wollte er ihn natürlich doch noch!), bat ich die Besitzerin um Erlaubnis, welche sie mir sofort erteilte. Zu Hause angekommen, bestätigte mir meine Bio-Antenne, dass Alfons tatsächlich eine Behandlung wollte und auch benötigte. Seine Verdauung und sein Rheuma machten ihm etwas zu schaffen. Na gut, dachte ich; wenn du so lieb und insistierend fragst, dann sollst du auch eine Behandlung bekommen. Ich behandelte ihn, und als ich zwei Tage später wieder im Stall war, schleckte er mir die Hand ab. Von da an hat er mich immer auf diese Weise um eine Behandlung gebeten – und sie natürlich auch immer bekommen. Als ich ihn einmal zwischendurch fragte, ob er eine Behandlung brauche, drehte er sich um. Na gut, heute also nicht.

Doch etwas später, ich hatte bereits den ersten Kurs in HTA absolviert, geschah etwas Merkwürdiges. Ich durfte drei Pferde im Reitstall behandeln. Um eine gute Abklärung machen zu können, beschloss ich, meine Bio-Antenne mitzunehmen. (Normalerweise arbeite ich mit dem sogenannten „Tier-Pendel" – eine Schraubenmutter an einem Stück Zahnseide – damit kein wertvolles Instrument zu Bruch geht, falls einmal ein Pferd darauf treten sollte.) Ich lief also an allen Pferden mit meiner Bio-Antenne vorbei zu den drei „Patienten". Kein Pferd schenkte der Bio-Antenne mehr Aufmerksamkeit als einem Stallbesen. Doch Alfons und Dario – welche die Antenne noch nie gesehen hatten

– starrten sie voller Ehrfurcht an, beschnüffelten sie ganz vorsichtig und schnaubten etwas dabei. Mir war, als hätten sie beide erkannt, wer ihnen bisher die heilende Energie geschickt hatte.

Diese Erfahrung durfte ich Jahre später bei einem anderen Pferd auch machen. Dieses Pferd hatte zwei große ältere Narben, und diese blockierten leicht den oberflächlichen Energiefluss. Ich beschloss die Narben mit meiner Bio-Antenne zu behandeln, damit sie wieder energiedurchlässig wurden. Als ich die Antenne zusammenschraubte, interessierte sich das Pferd nicht im Geringsten dafür. Als ich ihn behandelt hatte, kam er jedoch zu mir, beschnupperte vorsichtig die Antenne und schnaubte leicht. Es war genau wie bei Dario und Alfons. Solche Momente bestätigen mir immer wieder, dass Tiere Energien spüren, selbst wenn man ihnen eine Fernbehandlung gibt. Es ist beeindruckend, so etwas zu beobachten, und stärkt jedes Mal meine Überzeugung hinsichtlich der energetischen Behandlungen! Die Bioantenne schwingt übrigens sehr stark, wenn ich Pferde damit behandele, was mir zeigt, welche enormen Energiemengen dabei in Fluss kommen.

Die Energie der Pferde

Pferde verfügen über eine sehr große Energie, und ihre Aura kann leicht eine kleine Reithalle ausfüllen. Das mag anfänglich überraschen, doch wenn man bedenkt, dass ein Pferd ein Fluchttier ist, versteht man es besser. Falls ein Pferd in der Wildnis einen Bären oder einen Wolf sehen oder hören kann, dann ist die Distanz bereits zu klein, um noch erfolgreich flüchten zu können. Das Pferd muss also die Gefahr weitaus früher spüren. Das erlaubt ihm seine hochsensible Aura. Wenn man als Mensch versucht, die Aura eines Pferdes zu erspüren, und dabei von etwa zwanzig Metern aus zum Pferd hinläuft, dann spürt das Pferd oft lange vor uns, dass wir uns ihm nähern. Wir spüren es oft erst ein paar Meter später.

Wie viel Energie in solch eine Aura passt, merkt man als Anfänger erst, wenn man ein Pferd energetisch „aufladen" muss. Als ich in Holland, während des ersten Kurses, zusammen mit einer anderen Teilnehmerin ein Pferd behandelte, merkten wir schnell, dass die Stute kaum noch Energie in ihrem Körper hatte. Wir beschlossen logischerweise, sie zuerst aufzuladen und erst danach zu behandeln. Die Stute sog die von uns übermittelte Energie auf wie ein Staubsauger. Uns wurde in dem Moment beinahe schwindelig. Die Menge an Energie, welche durch uns floss, war ungeheuerlich. Ich bekam fast Atemnot. Da kam eine der Instruktorinnen zu uns und erklärte uns, dass man die Energie *„fließen lassen"* müsse. Wir sollten nicht versuchen, den Energiefluss zu bestimmen, sondern ihn fließen zu lassen. (Ein wichtiger Punkt, auf den ich noch zurückkommen werde.) In dem Moment öffnet sich nämlich unser „Kanal" und passt sich automatisch der benötigten durchfließenden Energiemenge an. Unsere Seele spürt genau, was die optimale Flussmenge und -geschwindigkeit ist. Schließlich ist es ja nicht unsere eigene Energie, die durch uns fließt, und der Unterschied zwischen einem kleinen und einem großen Tier ist diesbezüglich signifikant. Bei Dario musste ich anfänglich auch tief Luft holen, bevor ich ihn behandelte. Der (beidseitige) Energieaustausch ist überwältigend! Heute weiß ich, dass ich mich bei Pferden vorher auf einen hohen Energiefluss einstellen muss, und genieße dann auch diese energetische Spülung meines Körpers. Zulassen ist hier das „Zauberwort", doch mehr dazu im Kapitel 4.

Energiestaus

Die Lebensenergie, welche durch unseren Körper strömt – und durch den der Tiere – ist normalerweise ungehemmt und fließt harmonisch durch den ganzen Körper und alle Glieder. Doch ab und zu kommt es eben zu einem (ungewünschten) Stau. Dieser

Stau kann von einem Chakra aus kommen, also von einem gestörten Energiezentrum, oder er kann entlang einer Energiebahn (Meridian) auftreten. Die dadurch entstehende Gesundheitsstörung liegt aber nicht immer in der Nähe des Staus, sondern kann auch irgendwo hinter der Staustelle liegen, also nicht zwischen dem Chakra und der Staustelle, sondern weiter in Richtung Extremitäten. Wenn ein Pferd einen Energiestau hat, zum Beispiel beim Kniegelenk, dann kann das Fesselbein eine gesundheitliche Störung aufzeigen. Ein hinkendes Pferd kann dagegen unter einem eingeklemmten Rückennerv leiden. Für mich ist es daher wichtig, immer den wahren Ort des Staus zu finden, indem ich von dem ein Symptom aufweisenden Ort in Richtung Chakra suche. Die wirkliche Stelle des Staus hilft mir dann, herauszufinden, was passiert ist und wie ich das Tier korrekt behandeln kann. Dies erfordert etwas energetische Detektivarbeit. Es ist mir schon einige Male widerfahren, dass mich jemand kommen lässt, um ein verletztes Bein zu behandeln, ich jedoch die Störung in der Hüfte finde.

Schwieriger wird es, wenn wir den Grund für den Stau suchen. Da hilft es, die Funktionen und Verbindungen der Chakras zu kennen. Das Basis-Chakra zum Beispiel ist verantwortlich für den Urinstinkt des Lebens, vereinfacht ausgedrückt: Essen, Trinken, Schlafen, Kampf oder Flucht. Es geht also um die Basis des Lebens, um das reine Überleben. Ist dieses Chakra gestört, dann liegt eine grundlegende Störung im Leben dieses Tieres vor. Liegt der Stau ein Stück weg vom Chakra, dann kann entweder ein Sekundär-Chakra (Gelenk) gestört sein oder eine Verletzung vorliegen. Bei Verletzungen kann natürlich auch eine Rückkoppelung zum Chakra stattfinden. In solch einem Falle wird die energetische Detektivarbeit wirklich spannend und kann auch etwas mehr Zeit in Anspruch nehmen. Manchmal, das muss ich zugeben, komme ich erst bei der zweiten oder dritten Behandlung auf die richtige Lösung, zum Beispiel wenn sich eine bereits behandelte Störung wieder aufbaut. Dann suche ich nach einer physischen Störung. Bei Schmerzen ist dies oft der Fall. (Es beruhigt mich zu wissen, dass es den Ärzten oder Tierärzten auch nicht immer gelingt, auf Anhieb die richtige Diagnose zu stellen.)

Gestörte Chakras

Wenn ich bei einem Tier oder bei einem Menschen, zwei oder drei gestörte Chakras finde, dann besteht häufig ein Zusammenhang zwischen diesen beiden. Wenn ein Zusammenhang besteht, dann öffnet sich während der Behandlung das zweite gestörte Energiezentrum bedeutend schneller als das erste. (Ich behandele Chakras immer vom Basis-Zentrum (#1) in Richtung Kronen-Chakra (#7)). In diesem Falle muss ich den Zusammenhang, oder die Gemeinsamkeit dieser Chakras herausfinden, um die Behandlung auf diese Gemeinsamkeit ausrichten zu können. Je länger ich behandele, umso mehr finde ich heraus, dass alles in unserem Körper energetisch zusammenhängt, genauso wie wir energetisch mit dem Universum zusammenhängen. Wie sagen die Hermetiker so schön: „Wie oben, so auch unten.“[16] Chakras, Meridiane, Organe, Lebensfunktionen: Alles ist zusammen verknüpft wie ein großes Spinnennetz. Es ist fast unmöglich, einen Teil eines Körpers oder eines Geistwesens zu behandeln, ohne dabei einen Einfluss auf etwas anderes zu haben. Alles ist eins, und alles ist harmonisch verbunden. (Im optimalen Fall.) Das beobachte ich auch, wenn ich „Problem-Beine“ bei Reitpferden untersuche.

---

16 Dieses hermetische Prinzip wurde im „Vater unser“ versteckt: „Wie im Himmel, so auf Erden.“

Physische und energetische Überkreuzungen

Ich durfte eines Tages einen schönen „Fuchs"[17] behandeln – ich nenne ihn hier Bill – der ein geschwollenes Bein hatte. Das geschwollene Bein konnte man mit bloßem Auge entdecken. Ich untersuchte ihn dennoch, um zu sehen, wo die Wurzel des Problems lag. Bill liebte es, wenn man sich um ihn kümmerte, und ganz besonders, wenn man an seinen Hinterbeinen herumfummelte.

Er ist ein sehr lustiges Pferd, und ich bin fast geneigt zu sagen, dass er einen ausgeprägten Sinn für Humor hat. Er drehte seinen Kopf und beobachtete mich fast während der ganzen Behandlung. Ist wusste, dass es sein hinteres rechtes Bein war, welches ein Problem hatte. Während ich ihn ganz untersuchte, hielt er mir immer dieses Bein hin, als wenn er sagen wollte: „Du musst mich nur hier behandeln, der Rest meines Körpers ist gesund." Ich hatte inzwischen zwar erfahren, dass Tiere einem ganz genau zeigen können, wo ihr Problem liegt, doch wollte ich jeden nur möglichen Energiestau finden und behandeln. Zum Glück hatte ich die energetische Untersuchung fortgesetzt, denn sein linkes Bein zeigte mehr Probleme als das rechte. Ich vermutete, dass Bill sein geschwollenes Bein entlastete und dadurch sein linkes Bein überbelastet hatte, besonders wenn ein guter Reiter auf seinem Rücken saß und die Hinterhand mit seinem Gewicht beschwerte. Ein späteres Gespräch mit seiner Besitzerin bestätigte meine Vermutung.

Dieses Phänomen habe ich des Öfteren bei Tieren – besonders bei Reitpferden – beobachten können. Die junge Stute „Hermosa", eine zierliche dunkle „Brunette" mit einer kleinen weißen Blesse, hinkte ganz leicht hinten rechts. Ich bemerkte bei der Untersuchung, dass sie vorne links ein Hufeisen verloren hatte. Die

---

17 Der Fuchs ist hier kein Wildtier, sondern ein Pferd mit bräunlich-rötlichem Fell.

Besitzerin meinte, sie wolle nur sicherheitshalber von mir wissen, ob hinten eine Verletzung vorliege oder ob das Hinken nur am fehlenden Hufeisen lag. Es lag am Hufeisen. Auch Hermosa kompensierte also das ungleiche Auftreten „diagonal" (vorne links – hinten rechts), jedoch verstärkt über die Hüfte. Als das Hufeisen kurz darauf wieder fixiert war, verschwand das Hinken fast sofort.

Eine andere Stute, Rosa, eine feine schweizerische Fuchsstute, zeigte Angstzeichen, irgendwie oder irgendwo bei der Aufsicht über ihre Fohlen zu versagen. Dies war der Auslöser für einen Energiestau, der sich dann durch ein angeschwollenes Bein manifestierte. Ursachen können also völlig unterschiedlich sein, auch bei ähnlichen „Krankheitsbildern". Aus diesem Grund suche ich immer die wirkliche und tiefliegende Ursache und behandele nicht nur die Symptome. Auch bei ihr war das gegenüberliegende Bein energetisch mehr belastet als das angeschwollene. Aber das Überkreuzen des physischen und des energetischen Staus bei Beinen habe ich nicht in einem Kurs, sondern direkt von den Tieren gelernt. Seitdem passe ich auf, wenn mir ein Tier zeigt, wo es behandelt werden möchte. Oft zeigt es den richtigen Ort an und stellt dann eine große Hilfe für mich dar, doch es gibt die unsichtbaren oder unspürbaren Energiestaus, welche eben auch von den Tieren selbst nicht immer richtig wahrgenommen werden. Diese muss ich dann mit meinen Händen, mit meiner Antenne oder mit meinem Pendel herausfinden.

Energetische Behandlungen physisch unterstützen

Vor einiger Zeit durfte ich einen schönen braunen Hengst behandeln, der plötzlich nicht mehr galoppieren oder springen wollte. Der arme Jo hatte vor einigen Jahren einen schweren Unfall erlitten, welcher ihm eine langwierige und komplizierte Reihe von Operationen bescherte. Er hatte sich nach langer Zeit gut erholt, zeigte keinerlei Spuren eines Traumas und war wirklich willig, sein Frauchen bei der Arbeit zu unterstützen. Als ich mich ihm vorstellte und ihm auch erklärte, dass ich nicht auf seinen Rücken klettern würde, sondern ihn untersuchen und dann so gut wie möglich behandeln würde, ließ er mich ganz ruhig meine Hände an seinen Körper legen. Ich spürte, wie er mir vertraute und regelrecht behandelt werden wollte. Sein Solarplexus-Chakra war gestört, und genau dort machte seine Wirbelsäule auch einen kleinen „Höcker". Als ich einen Finger darauf legte, senkte er den Rücken. Er hatte also genau dort Schmerzen und konnte daher nicht richtig galoppieren. (Trab und Schritt gingen einigermaßen, da er dabei den Rücken unter dem Sattel „wegdrücken" konnte.) Seine Besitzerin war erstaunt über diese Tatsache, denn wegen der Winterdecken hatte sie dies nicht genau beobachten können. Ich behandelte ihn ein Weilchen und nahm mir dann seine zwei verschobenen Wirbel vor. Nach langen Minuten zuckte er sehr stark mit den Rückenmuskeln, und wir sahen, dass sich beide Wirbel nun wieder schön flach an ihrem Platz befanden. So etwas zu beobachten, verschlägt einem die Sprache.

Er war jedoch noch nicht ganz glücklich, und etwas sagte mir in meinem Herzen, dass er nicht richtig mit den Energien zwischen dem Universum und der Erde verbunden war. Ich untersuchte seine Verbindung zur sogenannten „Hara-Linie" und fand diese verschoben vor. Da arbeitete ich natürlich noch daran, diese wieder an ihren ursprünglichen Ort zu bringen, was mir nach ein paar Minuten auch gelang. Während dieser Behandlung hob das Pferd den Kopf und leckte sich genüsslich die Lippen. Seine Besitzerin meinte, dass er dies nun sichtlich genießen würde – und sie hatte recht. Als ich fertig war, legte das Pferd seinen Kopf in meine Arme und schien mir wirklich zu danken. Sein Frauchen war verblüfft, genoss es aber, ihren Hengst so glücklich zu sehen. Als er dann auf seinen Freilauf hinausging, sahen wir, dass er wirklich wieder ganz geschmeidig laufen konnte. Es war ein wunderschönes Gefühl für uns, den lieben Hengst so glücklich und entspannt zu sehen. Solche Momente vergisst man nie, denn sie gehen einem „unter die Haut". Danach war allerdings auch etwas Schonung für ihn angesagt, denn durch die Schmerzen war seine Rückenmuskulatur komplett verspannt und benötigte nun etwas Zeit, um sich wieder an die „normale" Situation zu gewöhnen, einen Sattel zu erdulden und wieder mit täglicher Arbeit aufgebaut zu werden.

Eine energetische Behandlung ist vielfach keine alleinige Lösung für alle Leiden, und dieser Fall zeigt deutlich, dass es wie bei einer tiermedizinischen Behandlung auch noch unterstützende Maßnahmen benötigt, bis ein Tier ganz geheilt ist. Dies entspricht eigentlich völlig meiner Ansicht, dass es keine „universell heilende" Methode gibt, sondern eine gute Kombination verschiedener Methoden mehr Erfolg bringt als eine Methode alleine. Deshalb sollte der Neid der verschiedenen Anwender von Heilmethoden oder Medizin endlich ein für alle Mal aufgegeben und eine sinnvolle Zusammenarbeit angestrebt werden. (Ein Tierarzt diagnostizierte später allerdings noch einen fehlerhaften Hufbeschlag, welcher sofort korrigiert werden musste, denn die Rückenverspannungen bauten sich deswegen wieder auf! Ein Tierarzt sollte also immer hinzugezogen werden – aber nur einer, der den Sachen auf den Grund geht, denn einige behaupteten schon vorher, dass das Pferd nichts habe ...).

Ein anderer wunderschöner schwarzer Hengst, ich nenne ihn einmal „Lindo", wehrte sich auch gegen die Arbeit, obwohl er diese mit Leichtigkeit erfüllen konnte. Er hatte mehr als genug Kraft und war aufgeschlossen und gutmütig. Seine Besitzerin lenkte, indem sie mir seine Geschichte erzählte, meine Untersuchung auf den richtigen Weg. Dieser Hengst war bei den Vorbesitzern nur als Deckhengst eingesetzt worden und wurde nur ganz selten geritten. Er zeigte mir mental, dass er dieses Leben weiterführen wolle und absolut keine Lust habe zu arbeiten. Ich musste grinsen, denn ich kenne einige Männer, welche seine Ansicht bestimmt sofort geteilt hätten. Als ich ihm jedoch zeigte, dass es ihm bei seiner neuen Besitzerin wahrscheinlich viel besser ginge als an seinem vorherigen Platz – mit Ausnahme des Deckens, war er schließlich bereit, sich der Situation anzupassen. Er fand dann auch Spaß daran, über Hürden zu springen und mit leichten Händen geritten zu werden.

Zuletzt möchte ich, solange wir bei den Pferden sind, noch ein paar spezielle energetische Verbindungen erwähnen, welche wir im Umgang mit anderen Tieren so nicht finden werden.

Spezielle Energieverbindungen zwischen Mensch und Pferd

Reiten stellt wohl eine ganz spezielle energetische Verbindung zwischen dem Menschen und dem Pferd dar: Im Gesäß des Menschen befindet sich sein erstes Energiezentrum: das Basis-Chakra. Unter dem Sattel des Pferdes befindet sich das dritte Chakra des Pferdes, der Solarplexus. Sitzt der Reiter oder die Reiterin im Sattel, so stehen diese beiden Chakras in einer engen Verbindung zueinander. Das Basis-Chakra des Menschen befindet sich dann nur ein paar Zentimeter von Solarplexus des Pferdes entfernt. Da Chakras Energiezentren sind und somit eine starke Ausstrahlung haben, ist der gegenseitige energetische (oder elektromagnetische) Einfluss nicht zu unterschätzen. Hat der Reiter Angst, bekommt das Pferd Angst. Ist der Reiter geistig noch im Büro, krank oder depressiv, so spürt es das Pferd auf jeden Fall. Das Pferd nimmt dies bereits über die Aura wahr, wenn es von seinem Menschen begrüßt wird, und der erste Eindruck trügt nicht, auch nicht bei Pferden. Eine Stunde lang, Chakra gegen Chakra, zu verbringen, kann man schon als eine sehr nahe, fast intime seelische Verbindung betrachten.

Mit wohl kaum einem anderen Tier geht ein Mensch so nahe auf „energetische Tuchfühlung" wie mit einem Reitpferd. (Allenfalls noch bei Katzen, doch diese wählen selbst aus, auf welches Chakra sie sich legen!) Dazu kommt, dass beide Chakras eine unterschiedliche Farbe (also Frequenz) haben: Das Basis-Chakra ist Rot und das Solarplexus-Chakra ist Gelb. Diese beide zu „synchronisieren", geht daher meines Erachtens nur über den Einklang aller Chakras beider Akteure. Bei jedem sollten die Energiezentren in harmonischem Miteinander stehen, bevor sie dem Einfluss der Chakras eines anderen ausgesetzt werden. Ich würde daher jedem Reiter empfehlen, bevor er oder sie auf ein Pferd steigt, in seine Mitte zu finden durch eine Kurzmeditation. Diese kann auch im geparkten Auto vor dem Stall gehalten werden. Es ist wichtig, dass wir immer ruhig, gemittet und im Hier-und-Jetzt zu unseren Pferden kommen. Ein gestörtes Chakra bei einem Reiter wirkt sich unweigerlich auf die Chakras des Pferdes aus – und umgekehrt. Möchte man eine Behandlung durchführen, ist es noch viel wichtiger, gemittet zu sein: Der Kopf darf nicht woanders sein als das Herz.

Kutschenfahren stellt in meinen Augen ebenfalls eine spezielle Verbindung dar, welche auf einem völlig anderen, fast kontaktlosen Vertrauen basiert. Ein Pferd bestimmt seine eigene räumliche Position mit den Augen, also ist für ihn sein Standort dort, wo sich sein Kopf befindet, ganz vorne. Der Mensch und Leittier des Tandems befindet sich also mindestens drei bis vier Meter weiter hinten auf dem Wagen. Daher begegnet das Pferd unterwegs den „pferdefressenden Monstern" (Siloballen, Kuhtränken und anderen) immer ganz alleine, sozusagen an „vorderster Front". Nur die Zügel und die Stimme von weit hinten geben dem Pferd Unterstützung durch Befehle. Das Pferd muss also mutig sein und ein großes Vertrauen in seinen „entfernten" Menschen haben. Denken Sie nur an die berühmten Fiaker-Pferde von Wien, was müssen die nicht alles kennen: Autos, Busse, Straßenbahnen,

Feuerwehrfahrzeuge und vieles mehr. Wenn wir allerdings die Größe einer Pferde-Aura betrachten, dann merken wir, dass sich der Wagenlenker noch immer innerhalb der Pferde-Aura befindet und das Pferd daher gut spürt, was sein Mensch (weit hinten) fühlt. Auch ein Kutscher sollte daher immer auf seine Gedanken und Gefühle achten.

Für Pferdekenner möchte ich hier noch der Vollständigkeit halber erwähnen, dass das Führen von hinten auch dem Führen eines Füllens durch seine Mutter oder dem Führen einer Herde durch die Leitstute entspricht. Hinter der Herde kann sie diese sehr wohl lenken und hat dabei auch die größte Dominanz. Beim Fahren oder bei der Bodenarbeit am langen Zügel wird diese natürliche Dominanz genutzt. Bei der Bodenarbeit ist das Pferd weniger (gefühlter) Gefahren ausgesetzt, da diese meistens auf dem für das Pferd bekannten Reitplatz stattfindet. Der Mensch, der genau hinter dem Pferd läuft, ist allerdings der Gefahr eines Schlages ausgesetzt, und dieses Mal muss ER dem Pferd voll vertrauen können. Auch hier ist die Harmonie zwischen den zwei Wesen sehr wichtig – energetisch und geistig.

Putzen bedeutet kommunizieren

Für mich persönlich stellt das Putzen eines Pferdes nach wie vor die wohl einfachste und schönste Weise dar, um eine Verbindung mit ihm herzustellen. Als meine Frau und ich nach den Jahren des Studiums und der ersten Jobs wieder anfingen zu reiten, nahmen wir jeden Montagabend Reitunterricht. Die Pferde wurden von einem wirklich guten und netten Stallknecht geputzt und gesattelt, damit wir sie nur noch vom Stall in die Halle führen mussten. Dieser an und für sich tolle Service missfiel mir etwas, da ich dadurch keine Zeit hatte, vor der Reitstunde in aller Ruhe eine Verbindung zu dem mir zugeteilten Pferd herzustellen. Wenn ich heute unseren Dario vor dem Reiten putze, dann reden wir miteinander, und meine Hände ertasten seinen Körper auf der Suche nach Schmutz, Krusten, Insektenstichen oder anderen nicht zum Pferd gehörenden Dingen. Dadurch kommunizieren wir auf einer feinstofflichen Ebene und bringen unsere Schwingungen in Einklang. Das Ganze beruhigt ihn und mich. Oftmals beginnt er zu schmusen oder hält mich am Ärmel fest, damit ich ein Weilchen bei seinem Kopf bleibe. Diese Zeit nehme ich mir immer, auch wenn ich einmal etwas in Eile bin, denn diese Momente sind mir wichtig und stellen auch privilegierte Momente im Leben mit einem Tier dar. Ich komme dadurch besser ins Hier und Jetzt, also in die gleiche „Zeit" wie die meines Pferdes. Darüber hinaus ist für mich diese Putz-Zeit der einzige Moment, in dem ich meinem Pferd, während des Kommunizierens, in die Augen schauen kann. Es ist ein unbeschreibliches Gefühl, mit ihm zu reden und zu sehen, wie er mich dabei mit einem seiner schönen großen Augen ganz genau anschaut. Ich bekomme so immer das Gefühl, dass er nicht nur mein Äußeres begutachtet, sondern mir direkt ins Herz schaut. Ein wahrlich mystischer Moment!

Eine ganz besondere Vertrauensverbindung zu einem Pferd durfte ich in Frankreich erleben. Unsere Freunde hatten auf ihrem Hof ein Pferd übernommen, das bei einem früheren Unfall sein rechtes Auge verloren hatte. Lasar war ein großer brauner Hengst und die Liebenswürdigkeit in Person. Auf dem Hof hatte er das totale Vertrauen in die Menschen zurückgewonnen. Kurz nach seiner Ankunft entwickelte er jedoch einen Hufkrebs. Unsere Freunde beschlossen, gegen den Rat der Tierärzte, diesem Pferd noch eine Chance zu geben und den Hufkrebs homöopathisch zu behandeln. Mit viel Zeit und Geduld sowie einer genau auf ihn abgestimmten homöopathischen Behandlung gelang es tatsächlich, den Hufkrebs zu besiegen, was die Tierärzte natürlich völlig überraschte. Das Pferd lebte noch viele Jahre einäugig und glücklich.

Ich durfte ihn einige Male reiten, was ich mit Ehrfurcht akzeptierte. Dabei musste ich stets darauf achten, dass dieses Pferd rechts nichts sehen konnte. Linker Hand auf einem Sandviereck zu reiten, bedeutete also, aufpassen zu müssen, dass er nicht über die Holzumrandung stolperte. Das Pferd hatte jedoch so viel Vertrauen zu den wenigen Menschen, die ihn reiten durften, dass es sich voll und ganz auf den Reiter verließ. Man konnte – und musste – ihn ganz sanft auf dem Hufschlag dirigieren und in den Ecken nicht vergessen abzubiegen. Das Vertrauen dieses Pferdes war so groß, dass einem beim Reiten wirklich warm ums Herz wurde. Kein Mensch hätte sich je getraut, dieses Vertrauen zu enttäuschen. Verantwortung, Vertrauen und gegenseitiger Respekt gehörten einfach dazu. Wer dies einmal erlebt hat, wird Tiere – besonders Pferde – immer voller Demut betrachten.

Mir zeigen Pferde auch sehr oft nach einer Behandlung, dass sie dankbar für die erhaltene Behandlung sind. Eine Osteopathin, die ich gut kenne, bestätigte mir dieses Verhalten. Pferde schlecken mich ab, drücken ihren Kopf gegen meine Brust oder halten mich am Ärmel fest. Das ist der absolut schönste Dank für mich. Der Dank der Menschen erfreut mich auch, doch wenn sich Tiere bei mir bedanken, bin ich fast immer den Tränen nahe: Es ist ein so starkes und tiefes Gefühl, dass man es kaum beschreiben kann. Bei Hunden oder Katzen geschieht dies auch, und es berührt mich jedes Mal, doch bei einem Pferd ist es wahrscheinlich noch beeindruckender wegen seiner Größe. Da es nicht meine Tiere sind, sondern Pferde, die ich vorher noch nie gesehen habe, berührt es mich umso mehr. Ich habe das Gefühl, dass die Tiere deswegen „ihre Menschen" nicht weniger lieben, sondern mir wirklich lediglich danken, denn wenn ich ihnen mitteile, dass sie ihrem neuen Herrchen oder Frauchen vertrauen können, dann intensivieren sie diese Beziehung, auch wenn ich nicht mehr da bin. Doch ein energetischer Kontakt, stellt eine ganz spezielle Art von Beziehung dar – und Tiere erinnern sich noch lange daran.

Wenn Pferde als die nobelste Errungenschaft des Menschen gelten, dann bleiben Hunde wohl immer noch seine treuesten Freunde.

Hunde

Ob Wachhund, Jagdhund, Blindenhund, Spürhund oder vierbeiniges Familienmitglied, Hunde begleiten Menschen ebenfalls seit Tausenden von Jahren als treue Helfer und Freunde. Hunde leben wie Wölfe im Rudel und betrachten daher den Mensch als Rudelführer. Wölfe, so haben Wissenschaftler herausgefunden, unterwerfen sich nicht nur dem Leitwolf, sie lieben ihn sogar! Dass Hunde als Drogenfahnder vom Zoll eingesetzt werden, ist wohl allgemein bekannt, doch manche Hunde werden sogar als Krebs- oder Diabetes-Riecher ausgebildet und können angeblich die Krankheit eines Patienten besser aufspüren als ein Arzt. Doch geht dieses Aufspüren tatsächlich nur über ihren Geruchssinn oder ist da nicht noch ein Gespür für eine Störung im menschlichen elektromagnetischen Feld? Katzen haben dieses Gespür auf jeden Fall, und bei Hunden würde es mich nicht wundern. Bekannt sind Hunde natürlich für ihren extrem ausgeprägten Geruchssinn und ihr feines Gehör. Doch über ihr feinstoffliches Gespür hört oder liest man (noch) sehr wenig. Doch sehen Hunde wahrscheinlich teilweise auch die Fährten, denen sie mit der Nase folgen. Wissenschaftliche Versuche haben gezeigt, dass ein Hund über Kilometer spüren kann, wenn sich sein Herrchen oder Frauchen auf den Weg zu ihnen (nach Hause) macht. Die Corgis von Königin Elisabeth II. sind auch berühmt dafür, lange vorher zu spüren, wenn Majestät zu ihnen kommt. Dieses feinstoffliche Gespür ist wahrscheinlich personenbezogen, also auf einer intensiven energetischen Verbindung zwischen dem Tier und seinem Menschen aufgebaut.

Hunde in meiner Kindheit

Wie bereits anfänglich beschrieben, begleiteten mich immer einige Tiere durch meine Jugendjahre, und dabei fehlte es auch nie an Hunden. Mein Großonkel hatte einen sehr lebhaften Schnauzer, und wenn er in seinem Garten war, wollte der Hund immer das ganze Gelände streng bewachen. Der Michel war zwar lieb, doch nie ganz berechenbar, da er den Garten immer von allen „Fremden" freihalten wollte. Ich – noch im Vorschulalter – wurde gewarnt, etwas auf meine Hände aufzupassen, doch konnte ich natürlich nicht widerstehen, ihn zu streicheln. Der Hund knurrte etwas und zeigte mir, dass er nach jeder ausgestreckten Hand schnappen würde. Da dachte ich mit meiner Kindeslogik, dass dies doch auch ein tolles Spiel sein könnte und hielt ihm meine Hand kurz hin, um sie dann ganz schnell wieder wegzuziehen. Michel merkte gleich, was ich tat, und spielte mit. Zu meinem Verblüffen war er geübter als ich in diesem Spielchen und schnappte gleich meine Hand. Er hielt sie jedoch nur fest, so dass ich sie nicht zurückziehen konnte, biss aber nicht zu. Ich erschrak zwar kurz über seine Schnelligkeit, hatte jedoch keinerlei Verletzung. Ich hatte jedoch gelernt, dass man sein tierisches Gegenüber immer erst kennen, bevor man es anfassen sollte. Hier war wahrlich der instinktive Umgang von Tieren mit Kindern mein Schutz gewesen. Wäre ich älter gewesen, hätte der Hund sicher stärker zugebissen. Solche und ähnliche Geschichten könnte ich hier noch endlos erzählen, doch möchte ich niemanden damit langweilen.

In späteren Jahren traten noch viele weitere Hunde in mein Leben, und von jedem konnte ich etwas Neues lernen. Mein eigener Hund, den ich anfangs dieses Kapitels bereits beschrieb, prägte mich natürlich am meisten. Doch ein Hund, den ich leider nie kannte (er starb lange vor meiner Geburt) erstaunt mich heute noch. Es war Peter, der Hund meiner Großmutter. Die folgende

Geschichte kann ich nur so weitergeben, wie sie mir von ihr erzählt wurde.

Peter, der Schlaumeier

Peter war ein Riesen-Schnauzer und ein ziemlich eigenwilliger Hund. Er wurde ein paar Mal von einem Auto oder Lastwagen angefahren, als er es schaffte, unauffällig aus dem Haus zu entweichen. Als das passierte, las ihn meine Großmutter auf der Straße auf und legte ihn auf ein paar Decken auf das Sofa. Dann holte sie den Tierarzt, der ihn wieder „zusammenflickte". Er durfte dann bis zu seiner vollständigen Genesung auf dem Sofa schlafen. (Damals war die „gute Stube" mit dem Sofa darin eine Art Heiligtum, welches nur am Wochenende geöffnet und geheizt wurde!) Als sie eines Tages aus dem Büro (im Haus) kam, stand Peter völlig regungslos im Gang vor ihr. Er stand ziemlich breitbeinig da und regte keine Wimper. Meine Großmutter, die so einiges bei ihrem Hund gewohnt war, erschrak und fragte sich natürlich, was nun geschehen war. Sie sprach mit ihm und streichelte ihn, doch er zeigte keinerlei Reaktion. Also legte sie ihn wieder auf ein paar Decken auf das Sofa und ließ den Tierarzt kommen.

Dieser fand den Hund in der gleichen Stellung wie ihn meine Großmutter gefunden hatte, nur eben in Seitenlage. Die Beine waren immer noch steif und breit ausgestreckt, und der Blick ging irgendwo ins Leere. Der Tierarzt untersuchte ihn ein Weilchen und wusste dann Rat. Er bat meine Großmutter, den Hund, so wie er war, im Hof aufzustellen, was sie natürlich sofort tat. Dort nahm er ein Stöckchen, blies etwas darauf, warf es quer über den Hof und sagte laut: „Schnell, bring das Stöckchen!" Peter rannte los und brachte brav das Stöckchen zurück. Als meine Oma den Tierarzt fragte, wie denn so etwas möglich sei, erklärte dieser ihr, dass der Hund absolut nichts hätte und eigentlich nur wieder einmal auf dem Sofa schlafen wollte. Er hatte einfach simuliert. Es ist das einzige Mal, wo ich hörte, dass ein Hund ein Simulant sein kann, doch gibt es sicher noch andere Tiere, die dies ausprobiert haben. Jetzt soll mir noch einmal ein Wissenschaftler versuchen zu erklären, dass Tiere nicht denken oder überlegen können, sondern nur ihrem Futterinstinkt folgen.

Energetische Reinigungen

Der erste Hund, den ich behandeln durfte, war ein junger Pekinese. Ein süßes Wollknäulchen mit langem Haar. Er interessierte sich nicht wirklich für mich, sondern suchte ein Plätzchen zum Dösen, solange sich die Menschen miteinander unterhielten. Eigentlich ging es ihm gut, und wir wollten nur sehen, wie er auf eine energetische Behandlung reagieren würde. Seine Chakras waren alle in Ordnung, und so schaute ich nur, dass sie alle gleich stark aufgeladen und harmonisiert waren. Das gefiel ihm dann anscheinend doch, denn er legte sich genüsslich hin und betrachtete das Ganze als eine Art Hunde-Wellness. Ich hatte nur etwas Mühe, seine Chakras zu erreichen, da er sich auf die Seite legte, doch es ging dann auch so. Als ich ihm dann die „schlechten" Energien gewissermaßen „weg-streichelte", blühte er richtig auf. Irgendwie waren doch noch Reste von chemischen Substanzen (früher eingenommene Medikamente oder Impfungen oder vielleicht auch nur Zusatzstoffe aus Nahrungsmitteln) in seinem Körper vorhanden, und er genoss es, einmal richtig innerlich gesäubert zu werden.

Dabei habe ich gelernt, dass eine energetische „Reinigung" eigentlich bei allen Lebewesen durchgeführt werden kann, da wir alle noch mehr Reste von Substanzen in uns herumtragen, als wir vermuten. Hierbei gehe ich selektiv vor: Was noch benötigt wird, lasse ich drin, was nicht mehr vom Körper benötigt wird, wasche ich heraus – oder zumindest die Information der Substanzen, wenn die Substanz selbst nicht aus dem Körper eliminiert werden kann. Dies ist übrigens auch etwas, das die klassische Medizin leider zu wenig betrachtet. Wenn bei einer starken bakteriellen Infektion Antibiotika eingesetzt werden, dann macht dies Sinn. Doch diese Substanzen sollten nach der erfolgreichen Bekämpfung des Entzündungsherdes auch wieder aus dem Körper ausgewaschen werden, da sie zum einen nicht mehr wirken und zum anderen nur Resistenzen bei der nächsten Einnahme bewirken können.

Hunde als Lehrer

In Holland hatte ich während des ersten HTA-Kurses die Ehre, den Hofhund behandeln dürfen[18]. Ich traf Max wieder im dritten Kurs und war begeistert, dass er ganz munter umherlief. Doch irgendwie war seine Hüfte noch nicht hundertprozentig, denn hinten rechts knappte er noch ein wenig. Er kam gelegentlich zu mir, um mir zu zeigen, dass er von mir behandelt werden wollte. Ich war jedoch im Kurs ziemlich beschäftigt und sagte ihm daher, dass ich ihn gerne behandeln würde, sobald ich eine freie Minute hätte. In manchen Pausen fand ich ihn leider nicht, und so kam es, dass der Kurs zu Ende war und ich ihn noch nicht behandelt hatte. Vergessen hatte ich ihn jedoch nicht. Ich wollte gerade hinausgehen und ihn suchen, als ich ihn beim Öffnen der Türe entdeckte. Er lag genau davor, so dass ich auf keinen Fall an ihm vorbei konnte. Das freute mich. Ich nahm ihn etwas zur Seite und überprüfte seine Chakras. Er legte sich dafür genüsslich hin. Nach der Initialbehandlung der Chakras und der Hüfte wollte ich noch sein Bein behandeln – das er mir übrigens schön hinstreckte – und legte daher meine Hände an die im Kurs gelernten Stellen. Da drehte er plötzlich seinen Kopf zu mir, schubste

18 Siehe Kap. 1

mit seiner riesigen Nase meine Hände ungefähr zehn Zentimeter höher und legte sich wieder hin. Genau an der Stelle spürte ich in meinen Händen, wie die Energie zu fließen begann. Die Lage meiner Hände war also nun optimal. Hinter mir mussten einige Teilnehmerinnen des Kurses lachen und meinten: „Der beste Lehrmeister ist halt doch ein Tier. Max hat dir nun gezeigt, wo genau du *bei ihm* die Hände hinlegen musst." Und genau so war es: Er wusste oder spürte genau, wo ich ihn behandeln musste. Theorie und Praxis können also manchmal voneinander abweichen! Nun hatte ich von Max gelernt, dass ich auf die Tiere und auf meine Intuition hören musste. Madeleine Walker schrieb in ihrem Buch „Wie Tiere Seelen heilen" auch an mehreren Stellen, dass man sich von Tieren helfen oder führen lassen soll. Wie recht sie doch hat!

Beim letzten Aufenthalt in Holland übernachtete ich bei einem alten Freund. Als ich ihm erklärte, dass ich nun Tiere energetisch behandeln würde, fragte er mich, ob ich nicht seinen ziemlich alten und zutraulichen kleinen Mischlings-Hund Chief behandeln könnte. Dieser kam sowieso immer zu mir, sobald ich das Haus betrat, um sich streicheln zu lassen. Irgendwie mochte er mich. Ganz klar, das wollte ich gerne tun, denn ich hatte bemerkt, dass seine eine Hinterpfote etwas steif war. Als ich meine Hände auf seine Hüften legen wollte, setzte sich der kleine Hund in meine Hände! Wir mussten alle lachen. Als ich spürte, dass die Energie zu fließen begann, fing der Hund an, mit dem Schwanz zu wedeln. Er war äußerst empfänglich für meine Behandlung, und sein Gesicht sprach dabei Bände. Nach der Behandlung lief er vorsichtig ein paar Schritte, merkte, dass es gut ging, und fing dann an, durch Haus und Garten zu rennen, wie ein junger Hund. Er brachte mir seine Spielzeuge, damit ich sie ihm in den Garten warf. Mein (etwas skeptischer) Freund war total erstaunt und meinte, dass er dies in den letzten zehn Jahren bei seinem Hund nicht mehr erlebt hätte. Die hohe Sensibilität dieses Hundes hatte die Wirkung der Behandlung enorm verstärkt, denn seine Selbstheilungskräfte waren ungeahnt ausgeprägt.

Eine ähnliche Behandlung führte ich auch an einem Labrador durch, der altersbedingt etwas Rheuma auf der einen Hüfte hatte. Zuerst war er sichtlich nicht interessiert an mir, doch als die Energie durch seinen Körper floss, fing er an, mit dem Schwanz zu wedeln und seine betroffene Hüfte regelrecht in meine Hände zu legen. Seine Bewegungen waren nach der Behandlung deutlich freier oder weicher. Die Behandlung hatte also gewirkt. Heute weiß ich – nach einigen Behandlungen von Arthrose oder Arthritis – dass man sehr wohl solche Krankheiten behandeln oder zumindest eine große Schmerzlinderung erreichen kann. Die Krankheit selbst (z.B. die übermäßige Abnutzung der Gelenkknorpel) ist leider noch anwesend, so dass sich der Schmerz dadurch immer wieder aufbauen wird. Nur eine Beseitigung der Schmerzursache wird eine dauerhafte Schmerzlinderung erlauben. Ob Tier oder Mensch: Diesen Zusammenhang von Krankheit/Abnutzung und Schmerz konnte ich schon des Öfteren beobachten. Entweder behandelt man alle zwei Tage den Schmerz, doch die ursprüngliche Situation verbessert sich nicht im Geringsten, oder man wagt sich an einen größeren Eingriff der klassischen Medizin heran und nutzt die energetischen Behandlungen als komplementär und erzielt somit eine dauerhafte Lösung. Es gestaltet sich auch ähnlich, wenn man versucht, eine bereits länger anhaltende Krankheit zu heilen: Es muss mit einer Behandlungsdauer von der Hälfte bis zu einem Drittel der Krankheitsdauer gerechnet werden.

Tiere halten den Menschen Spiegel vor

Als ich einmal bei einer Kundin an der Türe läutete, ging drinnen ein lautes Gebell los. Es waren die zwei Hunde, die ich behandeln sollte, Tula und Rosco, eine junge Hündin und ein schon etwas älterer Rüde. Als die Dame die Türe öffnete, sprangen die beiden an mir hoch mit einer Freude, als sei ich als alter Bekannter nach einer langen Zeit zu ihnen zurückgekehrt. Wir waren beide erstaunt, und sie meinte lachend: „Na, dann sollte es ja kein Problem werden, sie zu behandeln." Genauso war es dann auch. Als ich zum älteren der beiden ging, legte sich die jüngere schnell dazwischen und schubste meine Hand weg: „Ich zuerst!" Ihr Kumpan hatte nichts dagegen, also begann ich mit der jungen Hündin. Als ich sie nach einer kurzen Abklärung und Behandlung auch noch von ihrem zwanghaften Bellen bei Geräuschen in der Umgebung befreien wollte, blockierte sie plötzlich. Nein, das Gebell wollte sie nicht unterlassen. Aha! Nun musste ich herausfinden, was als Grund dahinterstand. Nach langem Pendeln fand ich schließlich heraus, dass es mit ihrem Frauchen zu tun hatte. Diese war der Ankerpunkte aller Tiere in der Familie – sie hatte eine große, liebenswürdige Menagerie – und war im Moment beruflich sehr gefordert mit mehreren dringenden Projekten. Aus diesem Grund pflegte sie zwar ihre Tiere nach wie vor mit viel Achtsamkeit, doch konnte sie ihnen nicht mehr ganz so viel Zeit für Liebe und Beisammensein schenken, wie sie es bisher immer getan hatte. Die junge Hündin bemängelte dies und wollte sie mit ihrem Verhalten darauf aufmerksam machen. Ich bekam den starken Eindruck, dass Tula wollte, dass ich dies ihrem Frauchen mitteilte. Das tat ich natürlich sofort.

Zum Glück hatte diese Frau ein feines Gespür und ein großes Herz für Tiere: Sie verstand sofort, dass ihre Hündin recht hatte, und beschloss, diese Situation zu korrigieren. Wie ich später erfuhr, konnte sie ihren Tieren wieder mehr Zuwendung und Liebe schenken, so dass sich die Lage rasch wieder entspannte. Die Hündin spiegelte also ihrem Menschen seinen Stress wider, damit dieser reagieren musste. Ich musste also die Frau „behandeln" oder auf ein Thema aufmerksam machen, damit das Tier „geheilt" werden konnte. In diesem Fall einer Tierspiegelung war ich froh, auf solch eine verständnisvolle Frau gestoßen zu sein, die die Situation sofort begriff und auch korrigierte. Weniger feinfühlige Menschen würden sich selbst nicht infrage stellen und auf einer Behandlung des Tieres bestehen. Dann benötigt es viel Diplomatie seitens des Heilers! Im Buch von Gisa Genneper und Rolf Kamphausen „Wenn Tiere ihre Menschen spiegeln" werden solche Spiegelungen sehr schön beschrieben. Ich durfte – noch bevor ich das erwähnte Buch las – spüren, wie Menschen und (Haus)tiere in Resonanz zueinander treten können und die Emotionen des einen vom anderen empfangen werden.

Der ältere Rosco, der solche Situationen sicher bereits schon erlebt hatte, reagierte nicht groß darauf, denn er spürte vermutlich, dass diese nur vorübergehend waren. Er bekam natürlich noch seine Behandlung für seine „Altersbeschwerden", indem er sich dabei genüsslich auf meine Hand legte. Ein Wellness-Genießer pur!

Eine andere Kundin rief mich für ihren etwas älteren Hund Sascha an. Der sonst eher menschenscheue Mischlingshund empfing mich freudig an der Eingangstüre. Hier war die energetische Resonanz zwischen der Dame und ihrem Hund auch gut zu spüren, er spiegelte jedoch nicht Frauchens Symptome oder Verhalten wider. Er hatte seine eigenen Probleme aus der Vergangenheit und versuchte, diese irgendwie zu überspielen. Draußen tauchten diese alten Dämonen wieder auf, die er Zuhause in seiner vertrauten Umgebung abschütteln konnte. Nach einer Behandlung, die er nach anfänglichem Zögern sichtlich genoss, sagte mir seine Besitzerin, dass sie die Energien, welche ich ihm übermittelt hatte, sehr deutlich spüren konnte. Sie war so überzeugt, dass sie mich fragte, ob ich sie nicht auch behandeln könnte, was ich natürlich gerne tat. Der Hund beobachtete diese Behandlung, als wenn er sich leibhaftig vorstellen könnte, was bei seinem Frauchen gerade passierte. Es gab bei den beiden keine Spiegelung irgendwelcher Art, doch die hohe Sensibilität von

Mensch und Tier bestätigte mir, dass die harmonischen Schwingungen zwischen den beiden für ein gewisses Wohlbefinden auf beiden Seiten sowie für ein gegenseitiges Vertrauen sorgten. Das Wohlbefinden des einen war mit dem des anderen verbunden.

Wenn Hund und Katze zusammen unter einem Dach bei ihren Menschen leben, dann kann ich ab und zu beobachten, dass das Verhalten beider Tiere an das Verhalten der Menschen gebunden ist. Hund oder Katze können unterschiedliche „Verhaltensstörungen" aufweisen, welche jedoch oft auf ihren Besitzer zurückzuführen sind. Beide wollen ihrem Menschen zeigen, dass etwas nicht stimmt, doch jeder tut es auf seine Weise, als Rudel- oder Gruppenmitglied. Hunde und Katzen sind sehr verschieden in ihrer Art, doch beide Tiere haben eine Misch-Aura (keine Schichten, wie bei den Menschen) und einen Instinkt. Sie fühlen noch, genau wie unsere Urahnen vor hunderten von Jahren oder mehr. Hunde leben seit Tausenden von Jahren mit dem Menschen. Und Katzen?

Katzen

Hier kommen wir zum wohl komplexesten und mystischsten Tier überhaupt! Katzen sind sinnliche Tiere, die in einer „spirituellen" Welt leben. Für Eckhart Tolle[19] sind sie sogar Zen-Meister! Katzen, obwohl im Mittelalter durch die Kirche dämonisiert, wurden bereits im alten Ägypten als Schamanen und Götterboten betrachtet. Katzen bewachten Tempel und Häuser, und ganz nebenbei hielten sie auch Mäuse und Ratten fern von den Behausungen der Menschen. Katzen galten als unabhängig lebende Haustiere und haben doch eine sehr tiefe Beziehung zu ihren Menschen und ihrer Umwelt. (Haus-)Katzen lieben ihre

---

19   Tolle, 2009, S. 58. („Ich lebte mit vielen Zenmeistern – alles Katzen.")

Menschen oder, wenn dies nicht der Fall ist, verlassen sie sie und suchen sich ein neues Plätzchen. Sie sind eigentlich keine Einzelgänger, sondern Einzeljäger, und sie brauchen, außerhalb der Jagd, Liebe und Harmonie in einer Gruppe.

Sie sehen und spüren auch Dinge, die uns gänzlich entgehen. Katzen als spirituelle Tiere erhöhen auch die Energiefrequenz eines Hauses[20]. Die Energie wird stärker, die Schwingungen positiver und die Frequenz höher. Dies wirkt meiner Meinung nach aber nur bei Menschen, wenn diese empfänglich für die bedingungslose Liebe ihrer Tiere sind.

Katzen haben eine wahrlich riesige Aura: Im Vergleich zu ihrer Körpergröße wahrscheinlich eine der größten Aura-Strukturen des Tierreiches. Liegt eine Katze auf dem Boden der zweiten Etage eines Hauses, nimmt sie die Präsenz einer Maus im Keller wahr und rennt herunter, um die Maus zu fangen. Unser Kater Eros wacht auch ganz plötzlich auf und rennt in den Garten, wenn sein Bruder Tasman eine Maus von den Feldern heimbringt. Riechen oder hören kann er sie unter keinen Umständen. Die etwas zwanghaften wissenschaftlichen Erklärungsversuche, dass Katzen eine Maus hören oder riechen würden, bewirken bei mir nur ein skeptisches Lächeln. Die aktuellen Häuser haben Betonböden, welche keine Bewegung einer Maus über drei Etagen weiterleiten; und die Düfte der Menschen – Parfüme, Shampoos, Raumbelüfter, Waschpulver, Küchendüfte und vieles mehr – überdecken den Duft einer Maus bei Weitem. Wie soll also eine Katze die Präsenz einer Maus über Nase oder Ohren wahrnehmen? Die Wahrnehmung kann wahrscheinlich nur über elektromagnetische Schwingungen erfolgen, und das elektromagnetische Feld (die Aura) einer Katze ist extrem sensibel und sehr groß. Katzen nutzen ihre Aura nicht wie die Pferde als Flucht-

---

20 Der Satz „Animals raise the vibration of your home" stammt wahrscheinlich von Diana Cooper.

tier, sondern als Jäger, als Einzeljäger! Da sie nicht als Gruppe jagen, mussten sie eine Fähigkeit entwickeln, um erfolgreich bei der Jagd zu sein: Ihren hochentwickelten energetischen Spürsinn.

Diesen Spürsinn beobachte ich übrigens auch jeden Winter an unserem Gartenteich: An einem Tag laufen alle Katzen um den Teich herum, denn das Wasser ist nicht ihr bevorzugtes Element. Am nächsten Morgen ist der Teich auf zwei oder drei Millimeter zugefroren, und alle Katzen umrunden den Teich unbekümmert wie am Vorabend. Ist aber eines Morgens das Eis zwei oder drei Zentimeter dick, dann laufen die Katzen über das Eis, als sei das schon immer so gewesen. Sie ertasten nicht die Tragkraft des Eises, wie wir es tun würden. Sie laufen einfach darüber, anscheinend ohne sich dabei Gedanken zu machen. Und das Eis hält! Es ist noch nie eine Katze bei uns im Eis eingebrochen. Woher „wissen" die Katzen also, wann das Eis tragfähig ist? Warum müssen sie es nicht vorher ertasten? Ich denke, dass sie dies ebenfalls erspüren, noch lange bevor sie überhaupt zum Teich kommen, denn sie können auch durch den Garten und über den Teich rennen, ohne dabei anzuhalten. Das scheint so natürlich für sie und so verwunderlich für uns. Dennoch wagt sich kein Wissenschaftler an die Untersuchung dieses Phänomens. Warum denn nur?

Das „Wissen" oder Spüren von Katzen geht noch weit über das wissenschaftlich Erforschte hinaus, denn dieses Wissen ist, meiner Ansicht nach, leider zu feinstofflich für die „Konsumentenforschung". Bei Katzen können wir noch sehr viel lernen, doch müssen wir dazu in ihre Welt eintauchen – und diese kann man nicht mit dem bloßen Auge erfassen.

Unsere Tierseelen

Ich staunte vor einigen Jahren nicht schlecht, als wir zwei Katzen aus dem Tierheim zu uns genommen hatten – Micmac und Bagheera. Als beide unseren Tagesverlauf kannten und sich bei uns wohlfühlten, kam plötzlich noch eine Dritte dazu. Es war Poldi. Er war ein junger Kater, ein kleiner Tiger, der unbedingt zu uns wollte. Immer wenn wir draußen waren, kam er angesprungen und hüpfte auf unseren Schoß. Wir fragten alle Leute in der Umgebung, wem er wohl gehören konnte, doch niemand kannte ihn. Da er immer mehr Gewicht verlor, beschlossen wir, ihn bei uns aufzunehmen. Er war etwas tollpatschig und kein besonders guter Jäger. Er schaute daher unseren Katzen zu, was sie so alles machten, und ahmte einiges davon nach. Doch auch er hatte seine Stärken, die von unseren zwei Katzen bewundert und später teilweise kopiert wurden. Als Erstes zeigte er uns, dass er „unser Territorium" (den Garten) verteidigte gegen fremde Katzen. Das war unseren Katzen bis dahin völlig unbekannt, doch gefiel ihnen diese Idee irgendwie.

Eines Tages kam der „Revierkönig" (ein starker Kater aus der Nachbarschaft) in unseren Garten. Poldi setze sich demonstrativ vor ihn hin, um ihm zu zeigen, dass dieser Weg nun versperrt für ihn war. Ich hatte Bedenken, dass dies klappen würde, und prompt bekam er eine gewaltige Abreibung vom Quartierchef. Der Weg war für diesen also wieder frei. Am nächsten Tag wiederholte sich die Szene, und ich dachte, dass Poldi irgendeine Chance wittern musste, um solch ein Risiko einzugehen. Doch er bekam erneut „eine auf den Deckel". In den Tagen danach wiederholte sich das Ganze wieder und wieder, etwa eine Woche lang. Ich sagte zu ihm: „Poldi, lerne doch etwas dazu und gehe dem starken Kater aus dem Weg, sonst wirst du jeden Tag verletzt!" Poldi blinzelte mich nur zufrieden an, und ich wusste nicht, wie ich diese Situation lösen konnte. Ich konnte schließlich nicht immer neben ihm stehen, denn der tägliche Kampf fand zu den unterschiedlichsten Zeiten statt.

Dann passierte etwas Unglaubliches: Am Ende der Woche kam der große Kater erneut und Poldi stellte sich ihm wieder in den Weg. Der Kater stoppte und schaute Poldi verdutzt an. Irgendwie sah man ihm an, dass er dachte: „Das kann doch nicht sein, dass ich mir jeden Tag diesen Weg mühsam freikämpfen muss!" Er machte eine verärgerte Miene, legte die Ohren an, verließ den Garten dort, wo er ihn betreten hatte, und umrundete ihn über die Nachbargrundstücke. Poldi kam zufrieden und siegesbewusst zu mir und strich genüsslich um meine Beine. Ich war vollkommen sprachlos. Eine Woche lang hatte Poldi Hiebe erhalten, doch nun hatte er – aus reiner Beharrlichkeit – gesiegt. Der „Revierkönig" betrat seit diesem Tag nie wieder unseren Garten. Ich bückte mich zu Poldi und bedankte mich für die unglaubliche Lektion, die er mir soeben erteilt hatte. Wir – Zwei- und Vierbeiner – bewunderten ihn seither. Nun konnten auch unsere bisherigen Katzen etwas von ihm lernen, nicht zuletzt, dass sie zu dritt stärker waren als der stärkste Gegner. Und diese Zusammenarbeit klappte unglaublich gut.

Der Freund trauert (und wir auch)

Alle paar Jahre hat uns nun eine von ihnen verlassen, und das löste eine starke Trauer in uns und auch in den Verbleibenden aus. Ich hätte nie gedacht, dass Tiere so sehr trauern können, und war sehr berührt von der emotionalen Betroffenheit jedes Tieres. Auch (tierische) Freunde unserer Katzen trauerten ihnen nach! Eine Nachbarkatze kam uns etwa alle drei Monate für zehn bis fünfzehn Minuten besuchen, einfach um zu sehen, wie es uns geht und ob nicht eine neue Katze da war. (Dazu inspizierte sie auch immer – nicht ganz uninteressiert – unsere Küche nach Katzennäpfchen ...) Ihr Ritual war immer das Gleiche: Sie kratzte an der Scheibe, damit wir sie einließen, und legte sich dann vor uns hin, um Streicheleinheiten zu bekommen. Zum Schluss ging sie in das Wohnzimmer, pflegte ihr Fell und wollte nach ungefähr fünf Minuten schnurrend wieder hinausgehen. Doch bei jedem Besuch kam anfangs ein tieftrauriges Miauen aus ihrer Kehle. Sie konnte es nicht fassen, dass ihr großer Freund Micmac nicht mehr da war. Wir konnten ihre Trauer über ein Jahr gut spüren.

Nach vier Jahren „Katzen-Pause" – um den Tod der drei verarbeiten zu können – haben wir seit Anfang des Jahres wieder zwei junge Kater aus dem Tierheim bei uns. Einen ganz schwarzen, Eros, und einen Tiger, Tasman. Beide waren fein und zierlich bei ihrer Ankunft. Nun ist Tasman noch in die Höhe gewachsen und Eros mehr in die Breite. Aus anfangs sehr ängstlichen Katzen sind innerhalb von Monaten zwei Abenteurer und Jäger geworden. Mit dem Erwachsenwerden entwickelten sich auch die Selbstsicherheit und die Freude am Schmusen. Wenn ich unsere zwei Jungs so betrachte, dann bekomme ich das Gefühl, dass sich ihre Sinnlichkeit und ihre Spiritualität auch erst mit dem Erwachsenwerden entwickeln. (Machen wir uns nichts vor: Junge Menschenkinder sind auch noch nicht sehr spirituell veranlagt!) Eine junge Katze zu behandeln, verlangt daher viel Geduld bei einem mäßigen Erfolg.

Als ich unseren jungen Eros einmal – unterstützend zur tiermedizinischen Vorsorge – gegen Darmparasiten behandeln wollte, da streichelte ich ihn ein Weilchen, damit er schön ruhig bei mir liegen blieb. Dann legte ich ihm behutsam die Hände auf. Ich hatte meine Hände noch keine zehn Sekunden auf seinem Körper, da flog eine Fliege vor seiner Nase vorbei – und sofort rannte er ihr nach, um sie zu fangen. Der Behandlungsversuch war „für die Katz". Heute behandele ich unsere Katzen eher Abends, wenn sie bei mir liegen. Sie sind nun erwachsen und daher zur abendlichen Schmusestunde auch empfänglicher dafür. Auch Eros' Bruder Tasman ließ sich anfänglich kaum behandeln. Sobald er die Energie, welche aus meinen Händen floss, spürte, entfernte er sich misstrauisch von mir. Dieses neue und ungewohnte Gefühl war ihm anfänglich nicht ganz geheuer. Jetzt lässt er es zu, speziell wenn er ein kleines Leiden hat, wie zum Beispiel etwas Bauchweh im Winter.

Auch diese beiden haben uns, frei nach Wilhelm Busch, gezeigt: „Und erstens kommt es anders, und zweitens als man denkt." Beide waren so dünn und fein, dass wir etwas Angst um sie hatten, als sie nach acht Wochen nach draußen durften. Es gab einige kräftige und mindestens doppelt so schwere (ältere) Kater, die unseren Garten inzwischen als ihr Revier betrachteten. Zwischen denen kam es gelegentlich zu heftigen Streitigkeiten. Wir waren daher überzeugt, dass die ersten Begegnungen schlecht für unsere Leichtgewichte enden würden. Da hatten wir uns allerdings schwer getäuscht. Erstens bekamen sie den „Heimvorteil", da die anderen Katzen irgendwie „wussten", dass die zwei da wohnten, und zweitens legten sie jeden Streit auf ungewöhnliche Weise bei: Bei jedem Angriff wichen sie dem Hieb aus und beschnupperten dann die unbekannte Katze. Nach ein paar Schlägen ins Leere seitens der anderen Katzen gaben diese frustriert auf. Diese Strategie hatten wir noch nie beobachtet, doch sie erwies sich als äußerst effizient.

Geister sehen?

Ob ich nun unsere ersten Katzen Micmac, Bagheera und Poldi betrachte oder unsere jetzigen: Alle sahen und fühlten Dinge, die wir nicht wahrnehmen konnten. Wie oft habe ich eine von ihnen beobachtet, wie sie vor einer weißen Wand im Haus saß und während Minuten einen fixen Punkt darauf anstarrte. Ich mochte hinsehen wie ich wollte, ich konnte dabei absolut nichts entdecken. Noch verwunderlicher wurde es jedoch, wenn sich dieser unsichtbare Punkt plötzlich bewegte und sie ihm dabei folgten. Unsere Katze Bagheera konnte ich einmal beobachten, wie sie einem unsichtbaren Punkt entlang der Wand folgte und dann zum Fenster rannte, um ihn draußen weiter zu beobachten. Ich konnte bei aller Bemühung nichts entdecken und war daher doch leicht beunruhigt. Als ich ein paar Mal mein Pendel befragte, ob unsere Katzen einen Geist sehen würden, bekam ich manchmal eine positive Antwort. Ob Tier- oder Menschengeist, weiß ich allerdings nicht, da es anscheinend auch hier – gemäß Pendel – nicht immer die gleichen Geister sind.

Dass Katzen elektromagnetische Felder wahrnehmen können, zeigt auch dieser Satz aus der „Welt der Katzen" (im Internet): *„Der Ortssinn der Katzen verleiht diesen wunderschönen Tieren die Fähigkeit, selbst über große Entfernungen ihr Heim wiederzu-finden. Ob die Katzen sich hierbei an Geräuschen oder etwa an elektromagnetischen Feldern der Erde orientieren, ist derzeit noch nicht endgültig geklärt. Untersuchungen haben allerdings ergeben, dass an Katzen befestigte Magnete das mit dem Ortssinn verbun-dene „Heimfindevermögen" stören, was ebenso wie die Tatsache, dass im Katzenhirn kleine Mengen Eisen eingelagert sind, für die zweite Annahme sprechen würde."*[21]

Katzen sehen also nicht nur Nachts besser als wir, wegen der vielen stäbchenförmigen Nervenzellen in ihren Augen[22], sondern sie sehen irgendwie auch energetische (elektromagnetische) Fel-der. Dies hängt wohl damit zusammen, dass Katzen und Hun-de auch gewisse Duftspuren, etwa in Form von „ultravioletten Farbtupfern", sehen können. Ich glaube daher, dass sie auch unsere Körperenergie wahrzunehmen vermögen. Katzen und andere Tiere spüren nicht nur wie wir uns fühlen, sie können es wahrscheinlich auch an unserer Aura sehen. Menschen und „ihre" (Haus-)Tiere stehen schließlich energetisch und emotional in Resonanz zueinander oder miteinander. Wildtiere können im Gegensatz zu Haustieren diese Resonanz wahrscheinlich nicht aufbauen, auch wenn sie von Geburt an mit Menschen zusam-

---

21 Quelle: http://www.welt-der-katzen.de/katzenhaltung/biologie/anatomie/sinnesor-
gane.html (Stand Herbst 2016)

22 Die Stäbchen unterscheiden sehr gut hell und dunkel sowie alle Lichtverhältnisse dazwischen, doch zeigen uns nur s/w Bilder. Wir Menschen haben mehr zapfenförmige
Zellen, welche zwar bei Tage die Farben gut darstellen können, doch ab der Dämme-
rung fast blind werden.

menleben, da ihr Instinkt mehr auf das grundlegende Überleben ausgerichtet ist: Fressen ohne gefressen zu werden.[23] Diese energetische Resonanz mit den Haustieren erlaubt es meiner Ansicht nach, dass wir überhaupt zusammen mit ihnen leben können. Resonanz bedeutet nämlich für mich Harmonie, und diese Schwingungsebene haben Haustiere in Tausenden von Jahren aufgebaut, um mit dem Menschen in Harmonie leben zu können. Eine harmonische Umwelt lässt Katzen seelisch wachsen und sich entwickeln, so dass sie uns „heilen" können – oder wir sie.

Katzen als energetische Spiegel des Menschen

Da Katzen sehr stark ihre menschlichen Partner durch diese Resonanz spiegeln können, habe ich seit langem den Eindruck, dass sie – wahrscheinlich am stärksten von allen Tieren – unsere Krankheiten übernehmen oder widerspiegeln können. Wer das Buch „Wenn Tiere ihre Menschen spiegeln" von Gisa Genneper & Rolf Kamphausen gelesen hat, wird erkennen, dass Tiere, durch ein verändertes Verhalten oder durch die Entwicklung einer für sie untypischen Krankheit, uns oft helfen wollen, unsere eigene Krankheit zu erkennen. Ich bin jedoch der Meinung, dass nicht jede Krankheit einer Katze eine Spiegelung der Gesundheitsstörung ihres Menschen darstellt. Eine Katze kann, wie jedes andere Tier auch, selbst eine Krankheit entwickeln, die durch eine Störung in ihrem Leben verursacht wurde oder einfach zu ihrem Schicksal gehört. Ob die Krankheit eines Tieres eine Spiegelung des Menschen oder das Karma des jeweiligen Tieres ist, kann nicht immer eindeutig bestimmt werden. Dazu ist oft die Unterstützung eines Mediums erforderlich. Ich bin jedoch überzeugt, dass unsere Haustiere die Aufgabe haben, uns Menschen

---

23 Obwohl eine enge Freundschaft zwischen Menschen und Wildtieren absolut möglich ist.

einen Spiegel vorzuhalten, um uns auf unser (meistens gesund-
heitliches) Fehlverhalten hinzuweisen. Katzen können dafür ihre
Menschen minutenlang anstarren, dass es diesen fast unheimlich
vorkommt. Tier und Mensch, die zusammen wohnen, beeinflussen sich gegenseitig, doch für mich bleibt noch immer eine Frage
offen bei unseren „Haus-Tieren": „Wer beeinflusst eigentlich wen
am meisten?" Ist es der Mensch oder das Tier, die das gemeinsame spirituelle Energiefeld dominieren? Die Antwort ist wahrscheinlich, wie so oft: Es kommt ganz darauf an ... wer, welche
Lebensaufgabe bekommen hat.

Wenn wir das Verhalten von Hunden und Katzen bei allfälligen Wasseradern in Häusern oder Wohnungen beobachten, fällt
uns Folgendes auf: Hunde meiden diese Orte, aber Katzen legen
sich genau dorthin zum Schlafen. In unserem Garten existiert
ein starker Kraftplatz, und oft sehe ich unsere Katzen oder die
der Nachbarn genau darauf liegen. Wenn wir einen Hund zu Besuch haben, dann wird sich dieser *nie* an diesem Platz hinlegen.
Beide Tierarten spüren also diese Energie: Die einen suchen sie,
die anderen meiden sie. Katzen können mit fremden und starken
Energien wahrscheinlich besser umgehen als Hunde. Da Katzen
deswegen auch sehr gut mit emotionalen Energien auskommen
können, vermögen sie ausgezeichnet mit Kindern sowie älteren oder geistig behinderten Menschen zu kommunizieren. Die
Kommunikation findet dabei fast nur auf der emotionalen Ebene
statt. Es braucht keine Worte, sondern funktioniert beinahe so
wie bei einem älteren menschlichen Ehepaar: Ein Blick genügt –
und beide haben sich verstanden. Katzen sind deswegen oft auch
so etwas wie „Blitzableiter" für uns, denn sie können unsere negativen Gedanken ableiten oder erden. Vor und während meines
Burnouts kamen unsere Katzen immer wieder zu mir, um mir zu
helfen, doch ich merkte es nicht, da ich emotional völlig verstört
war. Micmac entfernte sich oft rasch von mir, wenn ich wütend
war. Er kam eher zu mir, wenn ich depressiv war, doch blieb

er nie sehr lange. Ich hatte damals das Gefühl, dass er sich auf meinen Beinen etwas aufwärmte und dann ein ruhiges Plätzchen suchte.

Heute glaube ich zurückblickend, dass er die Hoffnungslosigkeit der Situation erkannt hatte. Er wollte mir helfen, konnte mich aber nicht auf meine Probleme aufmerksam machen, da ich nicht empfänglich dafür war. Die Nähe unsere beiden Katzen brachte mich jedoch immer wieder zur Ruhe, denn auch wenn meine Emotionen gestört waren, so liebte ich unsere Katzen sehr. Da ich wenigstens bemerkt hatte, dass sie ängstlich auf stark negative Emotionen reagierten, wollte ich ihnen diesen unnötigen Stress ersparen. Ich gab mir Mühe, sehr lieb und ruhig mit ihnen umzugehen. Sie hatten es also immerhin geschafft, mich abends zu Hause zu beruhigen und meine negative Energie „abzusaugen". Nach dem Burnout bemerkte ich, dass beide Katzen länger bei mir blieben und auch mehr schnurrten. Das Schnurren einer Katze ist etwas ausgesprochen Wohltuendes, besonders wenn sie auf unserem Körper liegt! Dabei fühle ich, dass sich meine Energiezentren harmonisieren und mein Körper völlig entspannt. Unsere Katzen spürten wohl, dass ich auf ihre gute Energie reagierte, obwohl ich damals noch keine Ahnung von energetischen Behandlungen hatte. Doch in jeder Situation schenkten beide mir viel Liebe (die positivste Energie überhaupt), und dafür bin ich ihnen auch heute noch unendlich dankbar.

Micmac erschien mir übrigens Jahre später, während einer Meditation bei meiner Ausbildung in Holland, als sehr starkes Wesen und zeigte mir, dass er uns bei jeglichem Hilfebedarf gerne unterstützen wird. Ich habe das Gefühl, dass er zurzeit noch immer als geistiges Wesen in unseren vier Wänden verweilt und auf uns aufpasst. Es ist wohl erstaunlich für uns Menschen – die wir alles mit unseren Augen messen – dass die energetische Kraft eines Tieres nicht proportional zu seiner Größe ist. Micmac ist für mich in der physischen sowie in der geistigen Welt der beste

Beweis dafür: Physisch war er relativ klein, doch psychisch ist er riesig!

Rituale und Muttersprache sind Energiespender

Für Haustiere ist es sehr wichtig, dass die Tage einen gewissen Ablauf aufweisen. Es muss nicht jeder Tag dem anderen gleichen, doch zumindest jede Woche einigermaßen der anderen. Pferde wissen dann, wann sie auf die Weide kommen, wann sie arbeiten müssen oder wann sie in ihrer Box dösen dürfen. Für Hunde gilt das Gleiche, zum Beispiel mit den täglichen Spaziergängen. Auch ein Hund möchte „wissen", wann er ein Schläfchen halten kann und wann er sich draußen austoben darf. Das Wissen über die täglichen Ruhezeiten erlaubt es einem Hund auch, richtig entspannt zu schlafen, da er nicht aufpassen muss, wann sein Mensch sich plötzlich dazu entscheidet, aus dem Haus zu gehen. Katzen sind zwar etwas unabhängiger, zumindest was die Bewegungszeiten betrifft, doch auch sie wollen wissen, wann es Futter gibt und wann sie schlafen oder ihr Revier beaufsichtigen können. Genauso wie Menschen eine Tagesstruktur benötigen, so wollen auch Tiere einen zuverlässigen Tagesablauf bekommen, vor allem Tiere, die ängstlich sind oder Verhaltensstörungen zeigen. Solche Strukturen oder gar Rituale bringen Vertrauen und (innere) Ruhe. Sie sind Quellen positiver Energien!

Sabine Arndt und Petra Kriegel gehen in ihrem Buch „Tierseelen" so weit, dass sie empfehlen, aus Teilen einer Tagesstruktur Rituale zu machen, um *„Momente der Glücksgefühle täglich bewusst erleben zu können"*. Sie schreiben dazu: *„Für viele verbirgt sich hinter einem Ritual etwas, was nur bestimmte Menschen in feierlichen Momenten vorbehalten ist, wie zum Beispiel gewisse kirchliche Zeremonien. Wir fassen den Begriff Ritual etwas weiter. Für uns ist die Bezeichnung Ritual ein anderes Wort für jede bewusst getätigte, nach einem Schema ablaufende Handlung, die* *regelmäßig ausgeführt wird. [...] Rituale können zu Inseln im Alltag werden, die Räume schaffen, in denen man zu sich finden, sich erholen, Kraft tanken und sich dabei vielleicht neu entdecken kann.*"[24] Ohne dass wir uns dessen wirklich bewusst waren, hatten meine Frau und ich die Fütterung unserer „Raubtiere" zu einem Ritual gemacht. Wir fütterten sie zu fixen Zeiten und meldeten es ihnen mit dem Wort „Essen". Ganz egal ob wir sie fragen, ob sie etwas essen wollen, oder ob wir ihnen sagen, dass es etwas zu essen gibt, das Wort „Essen" ist immer in unseren Sätzen vor der Fütterung eingebaut. Und wir benutzen bewusst immer das gleiche Wort! Es braucht kaum ein paar Monate, bis die Katzen genau wissen, was wir damit meinen. Wörter wie zum Beispiel „rausgehen", „reinkommen", „mitkommen" oder „schlafen" haben inzwischen auch eine klar verständliche Bedeutung für unsere Katzen. Aus eigener Erfahrung kann ich sagen, dass dies genauso gut bei Hunden oder Pferden klappt. Mit den Jahren konnte ich beobachten, dass viele Tiere einige situationsbezogene Wörter gut verstehen. (Wenn ich unser Pferd longiere, gebe ich ihm die Befehle schließlich auch verbal – und es führt sie richtig aus).

Die Sprache, in der wir Menschen die Wörter verwenden, ist theoretisch nicht wichtig, sondern mehr der immer gleiche Tonfall. Und was mir noch viel wichtiger erscheint: Die Muttersprache eignet sich am besten für verbale Tierkommunikation, da es die Sprache des Herzens ist, also die Sprache, welche unsere Emotionen am stärksten übermittelt – mit dem richtigen Tonfall. In keiner Sprache können wir unsere Gefühle besser ausdrücken als in unserer Muttersprache; und Tiere, die mehr auf Gefühle als auf Wörter reagieren, reagieren dadurch empfänglicher auf unsere Botschaften. Es ist egal, ob ich mit einer Katze in Spanien oder mit einem Pferd in Irland spreche: Ich verwende dafür meine Muttersprache – und das Tier versteht mich. Da Tiere wahrscheinlich

---

24 Arndt, Kriegel, 2012, S. 162 ff.

Der Tierheiler

unsere Aura sehen können, empfinde ich es auch als unerlässlich, dass wir ehrlich mit ihnen kommunizieren. Mit Menschen übrigens auch. Ehrlichkeit bedeutet nichts anderes, als dass unsere Sprache genau das beschreibt, was wir in dem Moment auch denken oder fühlen. Erstens werden Tiere einen Farbwechsel in unserer Aura bemerken, wenn wir lügen (Sprache stimmt nicht mit Gedanken überein), und zweitens wird auch eine Unsicherheit in unserer Stimme dem Tier verraten, dass wir nicht ehrlich sind.

Ein Lügendetektor funktioniert auch, indem er die Veränderung von Hirnströmen (Energien) bei Lügen misst. Die Diskrepanz zwischen Gedanken und Sprache bewirkt eine energetische Störung in uns, selbst bei abgebrühten Lügnern. Tiere – zumindest Haustiere – sind geborene Lügendetektoren. Indem wir ihnen bedingungslose Liebe schenken, übertragen wir ihnen auch viel positive Energie. Liebe, Emotionen, Gedanken und gesprochene Wörter sind energetisch gebunden zu einem energie-bildlichen Gefühl, und in dieser Kommunikationsweise sind Tiere wahre Meister. Wir Menschen können auf dieser feinstofflichen Ebene noch sehr viel von ihnen lernen. Wenn ich bei einer energetischen Behandlung meine Behandlungsabsicht formuliere, ist es genauso wichtig, dass meine Gedanken, meine Sprache und meine Emotionen übereinstimmen, sonst klappt die Behandlung nicht. Zur Sprache zähle ich übrigens auch die Körpersprache, denn diese verrät dem Tier sofort, ob ich „bei ihm" bin oder nicht. Es verlangt eine hohe Konzentration meinerseits, um während einer Behandlung nicht gedanklich abzuschweifen. Nur wenn meine Absicht klar ist und die Energie bereits fließt, kann ich zwischendurch mit dem Besitzer reden. Am Anfang und am Ende einer Behandlung muss ich hundertprozentig bei dem Tier sein.

Die Katze einer Freundin weckte sie morgens immer sehr früh, um Futter zu bekommen. Da Frauchen nun pensioniert wurde, musste sie natürlich nicht mehr ganz so früh aufstehen und wollte daher auch ein oder zwei Stunden länger schlafen. Wicky passte diese neue Zeit natürlich nicht, und so kam ich vorbei, um sie zu behandeln. Zu meiner Verwunderung kam sie schon auf meinen Schoß, als ich noch beim Kaffeetrinken war. Ich sprach mental mit ihr – in meiner Muttersprache – und erklärte ihr die neue Situation, dass ihr Frauchen sie darum bitten würde, morgens noch etwas länger zu schlafen. Sie sah mich verwundert an, doch sie akzeptierte meine Nachricht. Ich musste sie allerdings nach ein paar Tagen nochmals nachbehandeln (Fernbehandlung), um ihr klarzumachen, dass dies nicht nur vorübergehend so sein werde. Später erzählte mir unsere Freundin, dass sie es fast verpasst hatte, den Müllsack rauszutun, da die Katze sie nicht geweckt hatte. Haustiere machen also wirklich fast alles für uns, auch bei Veränderungen, wenn wir ihnen erklären, warum es nun anders ist. Es ist erstaunlich, wie Tiere Dinge verstehen, die wir ihnen eigentlich gar nicht zutrauen würden.

Katzen sind wahrlich Tiere, die ihre Menschen vor Krankheiten beschützen und ihnen helfen wollen. Im Unterschied zu Hunden, die dies zum Teil auch physisch tun, agieren Katzen eher geistig. Sie sind Meister der Energien, denn sie spüren und sehen Energien und wissen auch, wie man diese einsetzen kann. Katzen legen sich auch auf kranke Menschen, um diesen zu helfen, doch die Menschen spüren ihre Kräfte oftmals nicht und lassen sich daher nicht von ihren Tieren heilen. Wenn wir von einem Tier energetische Heilung lernen können, dann bestimmt von Katzen. Diese legen zwar nicht die Hände – pardon, die Pfoten – auf, doch sie können mit ihrem ganzen Körper unsere energetischen Schwingungen positiv beeinflussen. Streicheln wir doch vermehrt ihr Fell und genießen die so entstandene statische Elektrizität oder lassen uns „beschnurren", um dabei ein angeblich Rheuma-schützendes[25] Wohlgefühl zu bekommen.

---

25 Vor langer Zeit las ich in einer Zeitung, dass das Schnurren Katzen vor Rheuma schützen würde.

Das „Beschnurren-lassen" ist etwas, das ich zurzeit intensiv beobachte. Früher genoss ich einfach das wunderbare Gefühl, ohne mir dabei eine Frage zu stellen. Heute versuche ich herauszufinden, welches Chakra der Katze mit welchem Chakra des Menschen interagiert, wenn sich Katzen auf uns legen. Sie legen sich nicht immer auf den gleichen Körperteil und legen auch nicht immer den gleichen Teil ihres Körpers auf ein Chakra des Menschen. Ich vermute, dass Katzen sich von Fall zu Fall von ihrem Instinkt leiten lassen und dabei genau das tun, was in diesem Moment richtig ist – für uns oder für sie. Einmal liegen sie auf unserem Schoß und berühren unser Basis-Chakra mit ihrem Herz-Chakra, ein anderes Mal legen sie sich auf unser Hals-Chakra mit ihrem Kronen-Chakra. Es sind viele Variationen möglich, und Katzen nutzen sie wahrscheinlich instinktiv und unbewusst. Wenn wir diese Chakra-Kontakte jedoch richtig beobachten, dann können wir herausfinden, welche Störung oder welches Organ (das mit diesem Chakra verbunden ist) gerade von der Katze behandelt wird. Das wäre ein feinstoffliches und zuverlässiges „Diagnose-Instrument" für uns Menschen oder für unsere Katzen! Da Tiere uns spiegeln können, zeigen uns Katzen dadurch am besten, wo wir (oder sie selbst) ein Problem haben. Dann können wir uns bemühen, die Störung energetisch zu beseitigen, beim Menschen oder beim Tier. Vielleicht kann ich Ihnen in ein paar Jahren mehr zu diesem Thema erzählen.

Eine liebe Freundin vom mir ist eine begabte Tierkommunikatorin und muss oft entlaufene Tiere – besonders Katzen – wiederfinden. Auch sie bestätigte mir, dass sie auf dem Niveau der Bilder und Emotionen mit Tieren kommuniziert. So kann sie zum Beispiel spüren, wenn ein Tier Angst hat, und versucht dann, diesen Eindruck zu vertiefen: Hat das Tier Angst vor einem anderen Tier, vor übermäßigem Lärm, vor Maschinen oder etwas anderem? Dadurch versucht sie herauszufinden, wo in der Umgebung man so etwas finden kann und wo das verlorene Tier sich

befinden könnte. Manchmal sieht sie auch Bilder von Eindrü-
cken: Häuser von Menschen oder viel Grün von der Natur. Doch
einige Menschen erwarten von ihr genaue Bilder, auf denen man
Straßenschilder und Hausnummern erkennen kann. Diese Leute haben sich noch nie überlegt, dass ein Straßenschild für eine
Katze nicht lesbar ist, sondern einfach einen komischen harten
Baum darstellt, in den man nicht einmal seine Krallen reinhau-
en kann. Bilder und Emotionen von Tieren müssen wir aus der
Sicht der Tiere betrachten und nicht aus der des Menschen; dass
wir dann mit unserem Verstand etwas weiterkommen, ist zwar
logisch, doch eben leider nicht immer möglich. Emotionen und
Verstand sind zwei Paar Schuhe, die wir nicht verwechseln sollten. Auch David Eagleman (1971) schreibt, dass *„reine Vernunft
gefährlich ist"* und meint damit: *„Emotionen spielen bei Entscheidungen eine große Rolle. Wären wir rein rational, wären wir keine
Menschen, so wie wir uns kennen, sondern etwas anderes. … In
der extremsten Form ist Entscheidungsunfähigkeit die Folge, wenn
Menschen keine Emotionen mehr haben."*[26] Wir nutzen also unseren Verstand für viele Dinge, doch – und das ist nicht neu – wir
entscheiden emotional.[27]

Andere Tiere

Am Ende des dritten Kurses in Holland bekamen wir die Möglichkeit, noch andere Tiere zu behandeln. Eine Kollegin und ich
selbst begannen mit einem Alpaka. Wir benutzten den Körper
unseres Trainingspartners als Surrogat, um die Energie auf das
Tier in seinem Freigehege zu lenken. Kaum hatte ich begonnen,
reckte das liegende Tier seinen Hals, um ausfindig zu machen,

---

26 Eaglemann, Jötten, 2017, S. 32.
27 **Kaufentscheide werden zu über 80% emotional getroffen.**

woher die Energie kam. Es dauerte keine zwei Sekunden, da hatte es mich entdeckt. Jedes Mal, wenn ich die Hände umplatzierte, schaute mich das Alpaka irgendwie irritiert an. Erst am Ende der Behandlung war es sichtlich zufrieden und legte sich gemütlich auf einen anderen Platz. Die Reaktion des Tieres auf die Behandlung war beeindruckend. Es reagierte für alle ersichtlich auf jeden Positionswechsel meiner Hände.

Noch stärker beeindruckt wurden wir anschließend bei der Behandlung zweier Laufenten, auch Flaschenenten genannt. Meine Kollegin behandelte das Weibchen und ich das Männchen. Bei jeder Energieübertragung stand die jeweilige Ente auf und stellte sich kerzengerade hin. Sobald ich spürte, dass der Energiefluss nachließ, legte sie sich wieder nieder. Einige Teilnehmerinnen des Kurses, die uns beobachteten, mussten herzhaft lachen. Doch wir alle waren nun völlig überzeugt, dass eine Fernbehandlung – wenn auch nur über eine Distanz von ein paar Metern – genauso gut ankommt, als wenn wir die Hände auf ihren Körper legen würden. Es stand absolut außer Zweifel, dass diese menschenscheuen Tiere unsere Energie spürten.

Doch zuletzt versuchten wir unser Glück bei einer Kuh, die auf der Weide stand. Das war ein völlig neues Erlebnis. Die Kuh spürte zwar, dass wir mit ihr in Kontakt traten, doch versteckte sie sich sofort in der Herde, und wir hatten fast keinen Kontakt mehr zu ihr. Wir waren erstaunt, dass bei dieser Kuh die energetische Arbeit keine Wirkung zeigte. Zwei Kolleginnen von uns hatten inzwischen ein junges Kalb, welches mit seiner Mutter im Stall stand, behandelt und freuten sich über den sichtbaren Erfolg, daher waren wir noch erstaunter über unseren Misserfolg. Im anschließenden Gespräch über die angewandten Therapien wurde das Geheimnis schließlich gelüftet: Eine alleinstehende Kuh – oder ein Kalb mit seiner Mutter – kann man gut behandeln, steht eine Kuh jedoch in einer Herde, kann man nur die Herde behandeln. Eine Kuh ist solch ein Herdentier, dass sie sich nur für ihre Welt interessiert. Ihre Welt besteht zum Beispiel aus dem Stall, dem Weideweg, der Weide und der Herde. Sonst nichts. Das war besonders überraschend für mich.

Eine Kuh, sonst so neugierig, wenn etwas Neues in ihrer Welt auftaucht, interessiert sich nicht für die Welt außerhalb der ihren. Was hinter dem Gebüsch, am Rande der Weide passiert, kümmert eine Kuh nicht. Bei einem Stier ist es ganz anders, denn er muss schließlich seine Herde bewachen und daher jede potenzielle Gefahr von außen frühzeitig erkennen. Kühe scheinen demnach auch so etwas wie eine Gruppenseele zu besitzen. Das Wort stimmt vielleicht nicht ganz, denn Kühe sind schließlich keine Insekten, doch irgendwie scheinen ihre individuellen Auren in der Herde zu einer einzigen großen Aura zu verschmelzen. Ob die des Stieres dazugehört oder nur damit verbunden ist, bleibt leider etwas ungewiss. Persönlich bevorzuge ich die zweite Variante, denn der Stier befindet sich schließlich mit seiner Aura inmitten der riesigen Herden-Aura seiner Kühe. (Diese Gruppen-Aura betrachten wir noch näher im dritten Teil dieses Buches.)

Ich glaubte immer, dass die Kühe, die morgens vor unserem Haus vorbeiliefen, sehr neugierig seien, denn sie kamen und beschnüffelten mich, wenn ich da stand und wartete, bis alle vorbei waren. Heute weiß ich, dass ich eine Änderung in „ihrer Welt" darstellte: „Der steht doch sonst nicht da!" Sie liefen schließlich jeden Tag denselben Weg zwischen ihrem Stall und ihrer Weide – und das war ihre Welt. Seit ich gemerkt habe, wie die unterschiedlichsten Tiere auf HTA reagieren, melde ich mich natürlich fast immer zuerst bei ihnen in Gedanken an, um sie um Erlaubnis zu bitten, dass ich sie überhaupt behandeln darf. Dann merke ich sofort, ob sie auch auf mich reagieren oder nicht.

Es gibt allerdings Tiere, bei denen ich mich bewusst nicht anmelde: Vögel. Und zwar die Vögel, welche ab und zu bei uns in eine Fensterscheibe fliegen (und noch leben). Da behandele ich direkt, denn oftmals nehmen sie mich gar nicht richtig wahr. Am

Anfang machte ich die Behandlungen einhändig (mit der anderen Hand hielt ich den Vogel) und versuchte die Chakras mit einem einzigen Finger zu adressieren, denn die Tiere sind sehr klein. Bei uns reicht das meistens vom Spatz (Sperling) bis zur Amsel. Da dachte ich zuerst, dass „Hand-Auflegen" bei der Größe wohl keinen Sinn machen würde, da meine Hand alle sieben Chakras abdeckte. Heute lege ich jedoch den Vogel in eine Hand und decke ihn mit der anderen Hand zu. Ich muss ihn so weniger „festhalten", und er bekommt auch noch etwas Wärme, was im Winter sicher nicht schadet. Dann adressiere ich die Chakras in Gedanken und ertaste das Energiefeld mit den Händen. Wo ich Kälte spüre, da ist in der Regel auch eine energetische Störung. In diesem Falle ist die Störung meistens am Kopf, was ja eigentlich auch zu erwarten ist.

Die Behandlungen klappen erstaunlicherweise gut bei diesen kleinen Wesen, denn obwohl ich die Energie fließen *lasse*, so ist die Menge davon doch extrem gering, und darauf muss ich mich zuerst einstellen. Nach einigen Minuten erwachen die Vögel normalerweise aus ihrem Schock und schauen mich an. Irgendwie spüren sie meine Absicht, denn obwohl sie sich nicht besonders wohl fühlen in einer Menschenhand, so bleibt doch die erwartete Panik aus. Wenn ich die obere Hand wegnehme, setzen sie sich auf einen Finger, beobachten die Umwelt und fliegen erst nach einem Weilchen davon. Wenn sie noch etwas benommen sind, jedoch nach der Behandlung gut auf Berührungen reagieren, dann setze ich sie auf einen dünnen Ast (unerreichbar für Katzen) und schaue später nochmals vorbei. Bis jetzt waren eigentlich alle so behandelten Vögel dann verschwunden. (Ich untersuche natürlich immer den ganzen Bereich und den Boden unter dem Baum, um sicher zu sein, dass sie inzwischen nicht heruntergefallen sind.)

Menschen

Sind Menschen und Tiere wirklich so unterschiedlich wie es viele Menschen glauben, oder gibt es nicht doch gewisse Ähnlichkeiten? Neurologen oder Wissenschaftler werden wahrscheinlich physischen Ähnlichkeiten zustimmen, doch psychische Unterschiede hervorheben. Erstaunlich ist dazu die Aussage vom Neurowissenschaftler David Eaglemann, als er gefragt wurde, wie sich die Gehirne anderer Säugetiere von unserem unterscheiden: *„Ein Pferdegehirn hat ungefähr die Größe eines menschlichen Gehirns, aber in Form und Struktur unterscheiden sich beide stark. Im Pferdegehirn sind einige Teile größer oder kleiner als bei uns. Aber das Verrückte: Wenn man mit dem Mikroskop tief eintaucht ins Gehirn und die Nervenzellen betrachtet, sehen die beim Pferd gleich aus wie bei uns."* [28] Als Frederik Jötten sagte: *„Der Unterschied zwischen uns und anderen Spezies ist das Bewusstsein…"* antwortete David Eagleman: *„Das sehe ich nicht so. Ich vermute, dass Pferde und Hunde zum Beispiel auch ein Bewusstsein haben, nur eines mit einer geringeren Auflösung. Vielleicht so wie kurz nach dem Aufwachen aus dem Schlaf oder einer Narkose. Ich stelle es mir jedenfalls so vor, ein Hund oder ein Pferd zu sein."* Und: *„… Tiere haben ein Bewusstsein, aber eines, das unserem nicht gleichwertig ist."* [29] Menschen und Tiere sind neurologisch – also energetisch – dem Menschen sehr ähnlich, doch anscheinend, wie vermutet, etwas unterschiedlich was Bewusstsein, Unter- und Überbewusstsein, angeht. Energetisch behandelbar sind also beide – was in der Realität auch zutrifft, doch müssen gewisse feine Unterschiede beachtet werden.

---

28 Eagleman, Jötten, 2017, S. 29.
29 Ebd.

Der Tierheiler

Bei Behandlungen von Menschen hatte ich auch zwei erstaunliche Erlebnisse, die mir einmal mehr bestätigten, dass energetische Behandlungen meinem wahren ICH entsprechen. Noch bevor ich HTA erlernte, behandelte ich oft meine Eltern mit meiner Bio-Antenne, denn sie sprachen sehr gut darauf an. Sie waren damals gerade in den Ferien und flogen an dem Abend wieder nach Hause zurück. Mein Vater hatte mit einem erhöhten Augeninnendruck zu kämpfen. Als ich mit einer Behandlung bei meiner Frau fertig war, fragte ich meine Bio-Antenne, ob es noch jemanden gäbe, den ich gerade jetzt behandeln sollte. Sie antwortete mir mit einem klaren „Ja". Wegen der gesundheitlichen Lage meines Vaters fragte ich meine Antenne, ob es sich um meinen Vater handele. Das „Ja" war ausgesprochen groß. Noch etwas ungeübt, fragte ich, ob dieses große „Ja" bedeuten würde, dass ich ihn jetzt sofort behandeln sollte. Wieder kam ein sehr großes „Ja". Da fragte ich nach, ob es denn wirklich so dringend sei. Nun wurde das „Ja" wirklich drängend. Ich schaute auf die Uhr: Es war genau 18.00 Uhr. Ich behandelte meinen Vater natürlich sofort mit der Bio-Antenne, obwohl ich außer dem Augenproblem nicht genau wusste, was noch zu tun war. Doch die Antenne hatte mir gezeigt, dass „sie es wusste". Wahrscheinlich wusste es mein Überbewusstsein, denn die Antenne oder mein Pendel sind für mich irgendwie der verlängerte Arm meines Überbewusstseins.

Die Antenne schwang sehr lange und sehr intensiv (übertrug also sehr viel Energie), so dass ich etwas beunruhigt war. Ich wusste, dass meine Eltern sich irgendwo auf dem Heimweg befanden, doch hatte ich keine Ahnung, ob sie noch im Flugzeug oder bereits im Zug waren. Ich rief sie sofort am nächsten Morgen an, und mein Vater nahm das Telefon ab. Ich fragte ihn natürlich sofort, wie es ihm ginge, und bekam die klassische Antwort: „Danke gut und Dir?" Da sagte ich ihm, dass es mir sehr wichtig sei, genau zu wissen, wie es ihm gehe, und er erzählte mir Folgendes: „Jetzt geht es mir in der Tat wirklich gut, doch gestern auf dem Rückflug spürte ich meine Augen. Als der Pilot zum Sinkflug ansetzte, wurde es schlimmer und meine Augen taten mir weh. [Der Kabinendruck stieg, was sich auf den Augeninnendruck auswirkte.] Das Gefühl blieb so bis nach der Landung, doch als ich ausstieg und in die Flughafenhalle kam, war plötzlich alles weg, und ich hatte keine Schmerzen mehr. Es geschah so plötzlich, dass ich wirklich verwundert war." Ich fragte ihn, ob er wüsste, wie viel Uhr es dann gewesen sei. Da antwortete er mir, dass es dann ziemlich genau 18:00 Uhr gewesen sei. Was soll man da noch sagen. Natürlich könnte es ein Zufall gewesen sein, doch wie bereits erwähnt, glaube ich schon lange nicht mehr an Zufälle.

Lange Zeit später – ich hatte dann schon HTA erlernt – behandelte ich eine Dame, der noch ein chirurgischer Eingriff bevorstand. Ich hatte ihr Immunsystem energetisch etwas hochgefahren und ihre Aura etwas verkleinert für ihren Spitalaufenthalt. Da kam am Tag, als sie ins Krankenhaus kam, abends ihr Mann bei mir vorbei. Er sollte mir ausrichten, dass seine Frau wegen ihrer Nervosität im Spital nie schlafen könne, sogar Angst habe. Er fragte mich, ob ich etwas dafür tun könne. Ich sagte, dass ich es auf jeden Fall probieren würde, und begab mich gleich an eine Fernbehandlung. Ich wusste nicht, wie schlimm ihre Angst war, und da sie solche Situationen schon ein paar Mal erlebt hatte, war ich auch nicht sicher, ob meine Behandlung richtig oder stark genug sein würde. Bei Behandlungen lernt man, demütig zu sein! Am nächsten Morgen läutete es an der Türe, und ihr Mann stand wieder davor. Ich befürchtete bereits das Schlimmste, als er zu mir sagte: „Ich habe meine Frau gerade angerufen, und sie lässt dich grüßen. Du seiest sensationell." Ich fragte vorsichtig nach. Da meinte er: „Sie ist gestern Abend nach dem Abendessen gleich eingeschlafen, und heute Morgen um sieben musste sie von der Krankenschwester geweckt werden, da sie immer noch tief und ruhig schlief. Sie war zutiefst beeindruckt, denn so etwas ist ihr noch nie passiert!" Da war auch ich beeindruckt und unendlich froh, dass ich der Dame so gut helfen konnte. Demütig bedankte ich mich beim „großen Heiler", der mich so toll unterstützt hatte, denn ich war ja nur sein Instrument.

Bei Menschen wird mir immer bewusster, wie groß der Anteil der Selbstheilung bei einer Behandlung ist. Leute, die sich auf die Behandlung konzentrieren und auch genau zuhören, wenn ich ihnen erkläre, was ich gerade mache, reagieren in der Regel sehr stark und auch sehr schnell auf meine Heilungsabsichten. Bei ihnen sind Schmerzbehandlungen auch meistens erfolgreich. Es gibt hingegen Menschen, die mir sagen, dass ich sie behandeln kann, sie selbst sind jedoch im Kopf woanders. Sie unterhalten sich mit anderen Leuten im Raum. Da kommt meistens keine Wirkung auf. Wenn möglich, nehme ich diese Personen dann in einen anderen Raum, doch das wollen manche nicht. Ihre Unterhaltung ist ihnen wichtiger.

Heute weiß ich, dass diese Leute auch so zu ihrem Hausarzt gehen. Sie „liefern" ihr Problem beim Arzt ab, denn dieser soll sich doch gefälligst als Spezialist darum kümmern. Sie selbst fühlen sich vom Problem nicht betroffen. Es ist so, als würden sie ihr Auto in die Werkstatt bringen und später wieder abholen. Wenn sie Schmerzen haben, fragen sie sich auch nicht, woher der Schmerz wohl kommen könnte und was ihnen ihr Körper dadurch mitteilen möchte. (Welche Dysfunktion die Ursachen sein könnte.) Bei Schmerzen nimmt man einfach ein Schmerzmittel, denn dafür ist es ja da. Bei solchen Menschen habe ich aufgehört, sie zu behandeln, denn es ist – leider – eine reine Zeit- und Energieverschwendung. Das erhoffte Resultat wird auch ausbleiben. Es ist jedoch erstaunlich, wie unsere Gesellschaft die Menschen konditioniert hat, das Schlechte (Krankheiten) auszublenden.

Das ist oft nicht der Fehler der Leute, sondern der von unserer Gesellschaftsstruktur. Wir werden zu Spezialisten ausgebildet und müssen uns dann einem enormen Arbeitsdruck beugen. Da bleibt alles andere auf der Strecke. Doch wie wichtig ist uns eigentlich unsere Gesundheit? Die meisten Leute geben mehr für ihr Auto aus als für ihre Gesundheit. Wird das Auto teurer, wird es als normal betrachtet, da die Technik ja Fortschritte gemacht hat. Wird das Gesundheitswesen (via Versicherungsprämien) teurer, dann ist das ein Skandal, und niemand fragt sich, ob diese Technik Fortschritte gemacht hat. Einige Technik-Freaks sind bereits jetzt überzeugt, dass wir in ein paar Jahren einen Arzt durch eine „App" auf dem Mobil-Telefon ersetzen können. Was bei 80% der Leute funktioniert, ist gut, die restlichen 20% haben eben Pech gehabt. Wo bleibt da die Menschlichkeit? Wo bleibt die Einmaligkeit oder die Individualität jedes Menschen?

Ich kann den Menschen nur empfehlen, sich bei einer Krankheit die Zeit zu nehmen, um sich zu überlegen, was ihr Körper ihnen dadurch mitteilen möchte, und sich auf den innigen und wahrhaftigen Genesungswunsch zu konzentrieren. Sie können ihre Heilungskräfte aktivieren, indem sie sich die Genesung vorstellen. Ich selbst stupse auch nur die Abwehrkräfte etwas an, damit sie ihre Arbeit besser und gezielter verrichten können. Aber heilen – kann sich jeder nur selbst! Niemand kann das wirklich für Sie tun.

Selbstheilung hat auch etwas mit Glauben zu tun. Nur wer wirklich an seine Heilung glaubt und sich diese sehnlichst wünscht, wird sie (wenn vom Karma her möglich) auch bekommen, ganz egal welche Heilmethode oder Medizin angewandt wird. Obwohl ich Menschen mag, so bin ich doch immer wieder froh, wenn ich ein Tier behandeln darf, denn sobald das Tier spürt, was ich tue, ist es voll bei der Sache und spielt mir nichts vor. Ein Tier lebt im Hier und Jetzt, auch wenn es gerade eine Behandlung erfährt. Tiere sprechen daher sehr gut auf energetische Therapien an, insbesondere wenn die Therapien auf ihr Wesen abgestimmt sind. Ein Tier ist kein Mensch, und die feinen (feinstofflichen) Unterschiede sind eben entscheidend für den Erfolg.

Wie läuft eine „Heilung" oder treffender eine Behandlung ab? Auf was kommt es wirklich an? Warum ist neben der feinstofflichen Energie noch etwas mehr erforderlich?

3

Heilung – Mehr als nur Energie

Absicht – zulassen – loslassen

Eine Behandlung, ob durch Handauflegen oder als Fernbehandlung, ist zwar die Handlung eines Behandlers, doch die eigentliche Heilung geschieht nicht durch ihn und auch nicht durch seine Hände, durch die Berührung selbst oder durch eine gewisse Technik. Oft fragen mich Leute, ob es an einer bestimmten Lage meiner Hände läge, dass ein gewisses Leiden geheilt werden könne. Nein. Sicher behandele ich kein Kopfweh, indem ich meine Hände auf die Füße lege, doch selbst das könnte einen gewissen Erfolg bringen, solange mein Geist sich auf den Kopf konzentriert. Eine Geistheilung ist eine energetische Zusammenarbeit zwischen einem höheren Geist (den wir in Kapitel 4 noch genauer betrachten werden), dem Geist des Behandlers und dem Geist des Behandelten. Die Heilungsabsicht, gekoppelt an eine universelle und subtile Energieform sowie an das Zulassen, bedeutet schlussendlich Heilung. Doch sehen wir uns einmal der Reihe nach an, was eine Heilung alles beinhaltet und wie sie zustande kommt.

Das Bewusstsein

Wenn ich meinen Arm anheben möchte, muss irgendwo in meinem Hirn die Absicht formuliert werden: „Ich will meinen Arm in die Höhe halten." Mein Körper wird dann meinen Arm tatsächlich anheben. Der Wille meines „Ichs" hat also gedanklich die Materie meines Armes bewegt. Das klingt völlig simpel? Ist es auch, bis wir die ganzen chemisch-elektrischen Prozesse betrachten, die es unseren Muskeln erlauben, diese Bewegung zu vollbringen, und bis wir uns fragen, was ein Wille ist und wer mein „Ich" ist, der diesen Willen äußert! Ich vollbringe diese Armbewegung bewusst, so muss es wohl auch mein Bewusstsein sein, das diese Bewegung provoziert. Subjektives Bewusstsein steuert Materie, könnte ich nun wissenschaftlich sagen. Meine Atmung kann bewusst gesteuert werden, läuft jedoch (zum Glück) unbewusst weiter, wenn ich mich auf etwas anderes konzentriere oder wenn ich schlafe. Meine Körpertemperatur, die Konzentration vieler Substanzen in meinem Blut und vieles andere werden völlig unbewusst (vom Unterbewusstsein) ausgeführt. Doch meine motorischen Bewegungen werden von meinem Bewusstsein gesteuert. Zu meinem großen Erstaunen habe ich bei Ulrich Warnke den genau gleichen Ansatz gefunden.[30] Er beschreibt das Bewusstsein in einer einzigartigen und wunderbaren Weise:

„Ohne Bewusstsein existiert nichts – tatsächlich überhaupt nichts auf dieser Welt. Alles, wirklich alles, was wir über diese Welt wissen; alles, was unsere Welt ausmacht, alles Erdenkliche ist bis zu diesem Zeitpunkt immer und ausschließlich über ein menschliches Bewusstsein gelaufen.

Wenn es kein Bewusstsein gibt, kann auch nicht bewiesen werden, dass es die Welt und das gesamte Universum gibt. Wenn nirgendwo ein Bewusstsein vorhanden ist, gibt es auch keine ‚Ichs', keine Umwelt, keine Natur, keine Sonne, keinen Kosmos. Daraus folgt im Umkehrschluss, dass das Bewusstsein alles erschafft – alles, was existiert; alles, was wir über unsere Sinne erfahren; alles, was wir erleben; alles, woran wir uns erinnern."[31]

---

30 Warnke, 2012, S. 13.
31 Warnke, 2012, S. 13-14.

Beim Behandeln von Tier und Mensch erkennt man in vielem die Themen Bewusstsein, Unter- und Überbewusstsein und energetische Einflüsse. Je mehr man behandelt, desto mehr entdeckt man neue Aspekte dazu. Es ist ein bisschen wie beim Reiten: Je länger man reitet, umso mehr entdeckt man, was man alles noch lernen sollte. Ich reite schon ziemlich lange, doch wenn mich Leute fragen, ob ich reiten kann, habe ich immer mehr das Gefühl, dass ich ehrlicherweise mit „Nein" antworten sollte, denn es gibt noch immer so vieles für mich zu lernen. Ich habe „Healing Touch for Animals"® (HTA) zwar gelernt, und doch stellt diese Methode heute eigentlich „nur" eine (wichtige) Basis für meine Tätigkeit dar, da ich immer wieder neue Feinheiten entdecke, um eine Behandlung dem jeweiligen Tier oder der bestimmten Situation anzupassen. Mit der wahren Intuition – also nicht die laute innere Stimme, sondern eben die leise – folge ich Eingaben (Gefühlen), die nicht von mir kommen und mich auf erstaunliche Weise zu einer, in dem aktuellen Moment, optimalen Lösung führen. Ich lasse mich nun immer mehr durch dieses Gefühl führen! Dies empfinde ich auch als richtig und stimmig für mich, da ich auf einer geistigen Gefühlsebene behandele und nicht mit dem Wissen aus meinem Gehirn. Doch initiiere ich dann auch ganz bewusst die beabsichtigte Behandlung!

Am Anfang steht die Absicht

Beim ersten HTA-Kurs habe ich etwas Grundlegendes gelernt, was mir, in meinen Augen, den Zugang zur Welt der Heilung überhaupt geöffnet hat: Die Absicht!

Ohne Absicht gibt es keine Heilung.

Als ich das erste Mal meine Hände auf mein Pferd legte, spürte ich nichts, da ich dabei keine Absicht hatte! Es konnte also auch nichts passieren. Wenn man eine Behandlung initiiert, muss man in Gedanken eine präzise und doch liebevolle Absicht formulieren. Diese Absicht bringt die Energie zum Fließen und lädt sie noch mit Information auf. Auf verschiedenen Wegen habe ich dann dazu gelernt, wie diese Absicht (durch einen höheren Geist) wirkt und wie sie daher ausgedrückt werden sollte. Für mich sollte sie in erster Linie ein Herzenswunsch sein, der tief aus meinem Inneren kommt und an den „Großen Geist"[32], der uns alle verbindet, gesendet wird. Eine Absicht ist kein Befehl, sondern sollte mit Demut als Bitte formuliert werden. Wenn man eine Heilungsabsicht formuliert, sollte man deshalb auf seine Gedanken achten, damit die Absicht positiv und liebevoll wird. Es ist schon lange kein Geheimnis mehr, dass Liebe heilt. Larry Dossey schreibt dazu: *„Einige Gründerväter der modernen Medizin wussten, dass Liebe heilt, gleich ob man sie nun Anteilnahme, Empathie, Mitgefühl oder guter Umgang mit Kranken nennt."*[33] Empathie und Mitgefühl sind in meinen Augen auch unabdingbar für die Behandlung von Tieren! Man darf nur Gutes für den Behandelten wollen, denn auch schlechte Gedanken könnten sich realisieren, und das wollen und dürfen wir schließlich nicht zulassen.

Wenn eine Absicht jedoch zu präzise formuliert wird, dann wird sie auch nur die beabsichtigte Wirkung entfalten und nicht noch andere Leiden behandeln, die wir vielleicht übersehen. Die Absicht sollte daher auch Dinge beinhalten, die wir (noch) nicht wissen und daher auch nicht direkt adressieren. Wenn meine Absicht zum Beispiel das Eliminieren von Rückenschmerzen ist, dann sollte meinem Wunsch noch ein Satz folgen wie: „ ... und alles Weitere, was noch zu behandeln und mir nicht bewusst ist ..." Für mich ist eine Absicht eine Empfindung und sollte nach Möglichkeit sogar visualisiert werden können. Eine Visualisierung ist ein wirksamer Verstärker. Doch dies gilt speziell für

---

32 Siehe Kapitel 4.
33 Dossey, 2014, S. 300.

mich, denn andere Behandler können mit anderen Techniken ihre Absichten formulieren und genauso Erfolg damit haben. Menschen sind bekanntlich verschieden – auch in ihrem geistigen Aspekt.

Schlechte Gedanken können sich meiner Meinung nach zwar „materialisieren", doch normalerweise nicht bei dem zu behandelnden Tier oder Mensch, außer sie lassen es zu. Wer bewusst nichts Schlechtes für sich selbst zulässt, bewirkt, dass schlechte Gedanken zum „Sender" zurückkehren und sich bei diesem manifestieren. Doch wer gar nichts zulässt, kann auch nichts bekommen. Aus diesem Grund ist das völlige Vertrauen zwischen Behandeltem und Behandler derart wichtig: Beide müssen das Gute zulassen, und der Empfänger muss auf die gute Absichten des Senders vertrauen können. Viele Menschen glauben noch immer, dass zum Beispiel Voodoo-Priester etwas Böses an jemanden senden können und dies dann auch bei der Person eintritt. Ich persönlich glaube, dass es eintreten kann, wenn es der Empfänger zulässt, und manche Menschen lassen es (unbewusst) zu, indem sie Angst haben und „glauben"[34], dass es stattfinden wird. Die „dunkle Seite" darf nie unterschätzt werden, doch kann man sich zum größten Teil davor schützen, wenn man seinen Geist darauf programmiert, das „Dunkle" nicht anzunehmen. Meine Bio-Antennen oder meine Pendel muss ich vor dem ersten Gebrauch genauso „programmieren", dass sie nie Energien von der anderen Seite annehmen. Schutz ist wichtig: Für den „Heiler" sowie für den „zu Heilenden".

Meine Absicht ist also das „Heilen" durch das „Fließen-lassen" der guten Lebensenergie des Behandelten.

---

34 Glauben bedeutet eben Zulassen.

Zulassen anstatt bestimmen zu wollen

Wenn man ein Lebewesen – also Mensch, Tier oder Pflanze – behandeln möchte, dann muss man sich zuerst in Demut üben. Die Heilerin Renée Bonanomi[35] sagte daher: *„Es ist der Kranke selbst, der sich heilt, NIE der Heiler!"* Ich selbst verstehe das genauso: Ich behandele und heile nicht. Der „große Heiler" ist jemand anderes: Die einen nennen ihn Gott, die anderen das Universum oder das universelle Energiefeld. Larry Dossey spricht von „der kosmischen Suppe", „dem Einen Geist", „der Quelle", „einem Bewusstseinsfeld" oder „dem kollektiven Unbewussten".[36] Die Inder reden von Brahman (Weltseele) im Gegensatz zu Atman (Individualseele). Jeder darf zu seinem eigenen Glauben stehen, ob religiös, sinnlich oder sachlich-materialistisch. Nur eines ist sicher: Wer mit subtilen Energien arbeitet, lässt nicht seine eigene Energie fließen, denn niemand hat so viel Energie in sich, obwohl wir wahrscheinlich alle Teil eines großen Energiefeldes sind. Das ganze Universum besteht auch nur aus Energie, und Materie ist bekanntlich auch nur Energie. Einstein wusste das bereits vor fast hundert Jahren: $E = mc^2$. Energie gibt es also genügend, doch kann nur die feinstoffliche Energie geistig genutzt werden – und diese muss auch mit einem Ziel (Absicht) eingesetzt werden. Daher sollte um Unterstützung gebeten werden.

In unserer westlichen Gesellschaft lernen wir, dass wir alles kontrollieren und bestimmen müssen. Nichts darf dem „Zufall" überlassen werden. Man besitzt etwas und hofft, dadurch die Kontrolle darüber zu erlangen. Die Technologie soll den Menschen das bringen, was sie haben wollen. Sie kann ihnen aber nicht das bringen, was sie sein wollen. Ich persönlich konjugiere mein Leben lieber im „Sein" als im „Haben". Die Technologie

---

35   Michel, Bonanomi, 2013, S. 85.
36   Dossey, 2014, S. 246.

wird wahrscheinlich am meisten von Atheisten angebetet, denn sie soll alle ihre Probleme sofort und ohne Anstrengung lösen können. Verstehen alle Menschen, welche ein mobiles Telefon benutzen, wie es funktioniert? Nein, und doch benutzen sie es täglich. Wer kennt die chemische Kettenreaktion im menschlichen Körper nach der Einnahme eines simplen Aspirins? Wohl kaum jemand, und doch werden täglich Millionen davon eingenommen – und die Wirkung tritt mehrheitlich ein. Bei der Technologie oder bei pharmazeutischen Produkten hinterfragt fast niemand das „Wie". Bei „Geistheilungen" jedoch schon. Warum? Müssen wir unbedingt wissen, wie etwas geschieht? Müssen wir den Vorgang kontrollieren oder könnten wir uns nicht einfach an dem erstaunlichen Resultat erfreuen? Der Volksmund sagt schon lange: *„Wissen ist gut, doch es ist manchmal besser, nicht alles zu wissen."*[37]

Wenn wir mit den natürlichen feinstofflichen Energien arbeiten, dann bestimmen wir nichts, sondern wir „wünschen" uns etwas oder bitten um etwas – und lassen es dann geschehen. *„Man setzt einen Impuls, lässt ihn in dem Moment, wo man ihn absetzt, aber sofort wieder los; denn nur dann stellt sich das Richtige ein, das, was für dem Moment absolut perfekt ist"*, sagt Renée Bonanomi.[38] Dafür braucht es Demut. Sehr viel Demut. Und Zeit. Wir können frei bestimmen, was wir erreichen wollen (zum Beispiel eine Heilung), doch wir haben keinen Einfluss darauf, „wie" es geschehen wird. Auch nicht auf das exakte „Wann": Wir müssen es einfach geschehen lassen. Es ist sehr schwer für unser menschliches Ego, so etwas zu akzeptieren; denn um etwas geschehen zu lassen, müssen wir es zuerst einmal zulassen. Oft genug sind wir selbst die Hürde, die das Geschehen verhindert. *„Das Ego ist die stärkste hemmende Kraft."*[39] Unser Ego lässt die Realisierung oder die Materialisierung unserer Gedanken einfach nicht zu.

---

37 Quelle unbekannt.
38 Michel, Bonanomi, 2013, S. 84.
39 Michel, Bonanomi, 2013, S. 85.

„Das geht doch nicht!" „Das kann ich nicht!" „Das ist unmöglich!" – Kennen Sie das?

„Zulassen" ist für mich daher der Schlüssel für *jeglichen* Erfolg!

Und Zulassen bedeutet auch „Loslassen". Um offen zu sein für Neues, müssen wir zuerst einmal einen Teil des Alten loslassen. Man kann kein Gefäß füllen, wenn es bereits voll ist. Nur Leeres oder Halb-Leeres lässt sich füllen.

Selbstheilung

Zur Demut gehört also das Geschehenlassen, das Loslassen und das Zulassen. Renée Bonanomi und Katarina Michel schreiben: *„Heilung geschieht nur, wenn der Heiler nicht mehr ‚da' ist!"*[40] Das Zulassen muss zwar anfänglich beim Heiler (respektive beim Behandler) geschehen, aber noch viel wichtiger: Es muss dann beim Erkrankten passieren. Dieser muss seine Krankheit loslassen – nachdem er begriffen hat, was ihm sein Körper dadurch mitteilen möchte – und dann kann er die Heilung zulassen. Aus diesem Grunde arbeite ich so gerne mit Tieren: Sie haben kein hemmendes Ego und lassen eine Heilung zu, wenn sie sich ihres Leidens „bewusst" sind[41], also wenn meine Behandlungsabsicht für sie richtig ist. Wenn ich zu meiner Aussage „Nur Leeres lässt sich füllen" zurückkommen darf, dann möchte ich dies mit einem Bild aus dem Hinduismus untermalen.

Bei den Hindus gibt es auch eine Form der Dreifaltigkeit, ähnlich wie im Christentum – die Trimurti („dreigestaltig"). Die Tri-

---

40 Ebd.
41 Tiere, welche Schmerzen haben, lassen sich am einfachsten behandeln, da sie intuitiv spüren, dass ich mich um den Schmerz kümmere. Tiere mit Verhaltensstörungen wollen zuerst nicht behandelt werden, da sie ihr Verhalten nicht als gestört betrachten.

murti besteht aus drei göttlichen Formen: Brahma (der Schöpfer), Vishnu (der Erhalter) und Shiva (der Zerstörer)[42]. Alles, was im Universum existiert, muss also erst einmal erschaffen, dann erhalten und schließlich zerstört werden. Dies gilt auch für das Leben; alle Lebewesen werden geboren, leben und sterben. Dies ist der unaufhaltbare, universelle Zyklus. Die Zerstörung rüttelt die Ansicht der westlichen Welt jedoch etwas auf, da wir vieles für immer zu erhalten versuchen. Doch um etwas Neues zu erschaffen, muss zuerst Platz gemacht werden, indem etwas Altes verschwindet. Wollen Sie in einer Stadt ein neues Haus bauen, so müssen Sie zuerst ein altes abreißen, um Platz für das neue zu schaffen. Mit unseren Ansichten ist es dasselbe: Nur wenn wir loslassen, sind wir offen für Neues. Wir müssen nicht alle unsere Erfahrungen über Bord werfen, doch die Glaubenssätze, welche uns täglich blockieren, sollten wir hinterfragen und gegebenenfalls ablegen, um neue Erkenntnisse zuzulassen. Oder wie Albert Einstein es formulierte: *„Ich muss bereit sein, das aufzugeben, was ich bin, um zu dem zu werden, was ich sein kann."*[43] Das Zulassen einer Heilung verlangt also ein „Umdenken" von uns: Vom Wissen und Denken hin zum Fühlen und Zulassen. Wenn wir unser Leiden loslassen können und die Behandlung dadurch zulassen, dann kann auch eine Heilung stattfinden.

Ich selbst erkläre den Leuten energetische Behandlungen folgendermaßen: Wenn sich jemand ein Bein bricht, bekommt er von den Ärzten einen Gips oder eine Schiene, die das gebrochene Bein gerade halten. Das ist sinnvoll und gut, doch damit ist das gebrochene Bein noch nicht geheilt. Der Knochen muss wieder zusammenwachsen. Dies geschieht in der Regel ohne jegliche

---

42 In der Trimurti kommt das Zerstören allerdings als Erstes, was die westliche Ansicht besonders stört. Doch ohne Zerstörung gibt es kein Erschaffen von Neuem – außer beim Erschaffen des Universums. (Wurde vor dem Urknall kein altes Universum zerstört? Ich habe das dumpfe Gefühl, dass es doch so war...).

43 Ursprüngliche Quelle unbekannt.

externe (ärztliche) Hilfe. Es ist die Selbstheilungskraft des Patienten, die dies geschehen lässt. Möchte ich diesem Patienten helfen, dann stoße ich seine Selbstheilungskraft etwas an und lasse zu, dass sich der Knochen regeneriert. Ich kann ihm unter Umständen auch noch etwas Energie „schenken", damit seine Heilungskraft besser oder schneller wirken kann. Ich behandele also, heile aber nicht! Niemals. Ich bin daher kein Heiler, sondern ein Behandler oder ein Unterstützer[44]. Beim „Handauflegen" wird mir übrigens bewusst, wie wichtig die Hand beim Wort „Be-*hand*-lung" (oder „Hand-lung") wirklich ist.

Fühlen

Schon Antoine de St. Exupéry (Autor des „Kleinen Prinzen") sagte: *„Man sieht nur gut mit dem Herzen."* Was bedeutet, man muss fühlen können. Um ein Tier oder einen Menschen wirksam behandeln zu können, muss ich – nebst dem besprochenen „Zulassen" – auch den Fluss der Energie spüren[45]. Oftmals fließt die Energie nicht genau dort, wo ich es gemäß Lehrbuch erwarte. Ich muss meine Gedanken loslassen und mich auf mein Gefühl – auf das Fühlen – konzentrieren, um meine Hände an die richtigen Stellen zu legen. Ich fühle, wo es einen energetischen Stau gibt, oder wenn sich ein Chakra öffnet, wie stark und wie lange die Energie fließt. Ich bemerke natürlich, wenn der Fluss durch mich wieder aufhört, um nur noch im behandelten Wesen weiter zu fließen. Das ist für mich eine Gabe, für die ich zutiefst dankbar bin!

Wie bei allem im Leben, ist auch das „Fühlen" nicht jeden Tag gleich gut oder gleich stark. Es gibt externe Einflüsse wie kaltes

---

44 Ich bin natürlich auch kein Arzt und auch kein Tierarzt. Ich unterstütze allenfalls – komplementär – eine ärztliche Behandlung. Ein Arzt oder Tierarzt sollte bei jedem physischen Fall immer vor einem „Behandler" hinzugezogen werden.

45 Ohne etwas zu fühlen, kann man HTA zwar anwenden, doch wenn ich meiner Gefühls-Intuition folge, verbessern sich meine Behandlungen.

Wetter oder verschiedene Mondphasen, welche das Gefühlsver-mögen beeinflussen, doch die meisten Unterschiede liegen in mir selbst. Ich bin nicht jeden Tag gleich gut drauf, und es gibt auch Stunden, wo ich erschöpft bin und keine Behandlungen mehr durchführe. Das Wichtigste für mich, um überhaupt in der Lage zu sein, eine energetische Behandlung durchzuführen und etwas zu fühlen, ist jedoch meine innere Einstellung. Meine Hände können nicht auf einem Tier liegen und mein Kopf sich noch mit der Steuererklärung beschäftigen. Das klingt trivial, und doch können wir uns alle dabei ertappen, wie oft wir nicht bei der Sache sind, also im Hier und Jetzt. Wer liest eine Zeitung wäh-rend des Essens? Wer isst oder surft im Internet beim Fernseh-schauen? (Das ist heute leider gar nicht so unüblich, wie ich es glaubte!) Wer telefoniert beim Autofahren?! (Pfui!) Wer schreibt eine SMS beim Gehen? (Beobachten Sie das einmal, wenn Sie aus einem Zug aussteigen und in Eile sind ...) Alle diese Situationen verhindern, dass wir im Jetzt leben, und dies blockiert völlig eine sinnvolle Handlung und natürlich auch eine sinnvolle Be-hand-lung. Geist und Körper sind völlig getrennt in solchen Momen-ten: Wie soll da eine energetische Harmonie entstehen können?

Gemittet sein

Bevor ich ein Tier behandele, muss ich immer zuerst schauen, dass ich „Ich selbst" bin. Ich darf nicht von einem Fernseh-Krimi träumen: Ich muss bei mir selbst sein, bei meinem Geist und bei meiner Seele. Um dies zu erreichen, muss ich gemittet und ge-erdet sein. Nur dann kann ich auch etwas spüren, denn sonst ist mein Geist woanders und lässt kein Fühlen zu. Dies ist eine Grundeinstellung, zu der ich am besten durch eine kurze Medi-tation komme. Ein meditativer Zustand kann zum Beispiel rela-tiv schnell durch eine Bewusstseinsfokussierung erreicht werden, oder wie der US-Schriftsteller und Maler Henry Miller (1891 –

1980) es beschreibt: *„In dem Augenblick, in dem man etwas seine ganze Aufmerksamkeit schenkt, selbst einem Grashalm, wird es zu einer geheimnisvollen, Ehrfurcht gebietenden, unbeschreiblich großartigen Welt."*[46] Solch eine gedankenblockierende Meditation kann ich auch im (geparkten!) Auto machen, bevor ich zu einer Behandlung schreite. Wenn ich dann zu einem „Tierbesitzer" (Tierpartner!) komme, dann unterhalten wir uns immer kurz über das Tier und welches Leiden ich behandeln soll. Durch Fragen und aufmerksames Zuhören kann ich mir bereits ein erstes Bild der Lage machen. Es soll kein Abtasten des Tieres mit dem Pendel ersetzen, doch es stellt einen großen Zeitgewinn dar, denn mein Geist arbeitet dann gefühlsmäßig bereits in die richtige Richtung. Auch bei einem Gespräch kann man Dinge fühlen. Wie sagte Fjodor Michailowitsch Dostojewski (1821 – 1881) so schön: „Man kann vieles unbewusst wissen, indem man es nur fühlt, aber nicht weiß."[47]

Durch das Fühlen komme ich auf eine höhere Ebene, als es mir das Denken erlauben würde, und auch hier hilft mir das „Zulassen", um dem Leiden des Tieres auf die Spur zu kommen. Wenn ich das Gefühl habe, dass ich „wie zufällig" auf etwas stoße, dann weiß ich, dass ich auf dem richtigen Weg bin. An Zufälle glaube ich, wie gesagt, schon lange nicht mehr. Wenn ich nur rational überlegen würde, dann würde mir mein Bewusstsein nur die Antworten auf meine gestellten Fragen liefern – und dies nur mit dem, was ich bereits weiß. Mit dem Gefühl bekomme ich auch Antworten auf nicht gestellte Fragen. Für mich ist dies ein wenig wie gute Marktforschung: Wenn ich jemanden frage, ob er/sie lieber Tomaten- oder Lauchsuppe isst, dann bekomme ich nur die eine oder andere Antwort. Wenn ich die Person hingegen frage, welche Suppe sie am liebsten isst,

---

46 Warnke, 2012, S. 251
47 http://zitate.net/fühlen-zitate

dann kann ich sehr viele unterschiedliche Antworten bekommen. Das kann für den Suppenhersteller einen entscheidenden Unterschied ausmachen.

Wenn ich meinem Gefühl freien Lauf lasse, dann komme ich meistens auf die in diesem Moment wirksamste Behandlung bei dem Tier. Ob Tier, Mensch oder Pflanze: Ich kann von jedem Lebewesen etwas lernen, obwohl ich nur mit den Menschen sprechen kann. Doch kommunizieren kann ich mit den meisten Lebewesen. Bei manchen komme ich vielleicht auch nicht sofort auf die richtige Lösung, doch dann beschäftigt sich mein Geist so lange damit, bis die Lösung zu mir kommt. Als ich der Besitzerin der Stute Miranda erklärte, dass ihr Pferd keine Energie bekommen wolle, meinte diese lachend: „Klar, davon hat sie ja mehr als genug." Damals klingelte es in meinem Kopf: Der „Eine Geist" hatte mir soeben die Lösung gesandt, die ich so lange gesucht hatte. Die Wege, auf denen solche Antworten zu mir kommen, sind sehr verschieden und manchmal sogar überraschend: Doch die gesuchte Antwort kommt eigentlich immer.

Emotionen trennen

Da es nicht meine Energie ist, welche durch mich zum erkrankten Tier oder Menschen fließt, strömt diese subtile Energie sozusagen „nur" durch mich hindurch. Damit der Energiekreis – wie beim Strom – sich auch schließen kann, muss diese Energie auch wieder durch mich hindurch zu ihrer Quelle zurückfließen können. Ich werde daher bei jeder Behandlung regelrecht von Energie durchspült. Ich muss den Fluss dieser Energie zulassen, in Menge, Geschwindigkeit und mit Information geladen, denn darüber habe ich keine Kontrolle. Würde ich versuchen, diese Kriterien zu beeinflussen, so würde ich wohl auch den Erfolg der Behandlung beeinflussen – und zwar negativ. Diese Durchspülung ist anfänglich ein ganz spezielles Erlebnis, insbesondere bei großen Tieren wie Pferden. Ich bin mir allerdings bewusst, dass ich mich jedes Mal gleich selbst mitbehandele, was zwar angenehm, doch nicht ganz unproblematisch ist.

Ich muss darauf achten, dass ich mich selbst gegen negative Emotionen und dergleichen, welche die Energie transportiert, schütze. Seit meiner ersten Trauma-Behandlung eines Pferdes, weiß ich, was es für mich bedeutet, wenn ich alles in mich hineinlasse. Es kann belastend werden. Ich darf es spüren oder wahrnehmen, doch ich muss meine eigenen Emotionen behalten und mich vom Behandelten in gewisser Weise abgrenzen. Dies geschieht zum Teil zuerst über mein Bewusstsein und dann erst über mein „Überbewusstsein". Hier muss ich also zuerst bestimmen und dann loslassen. Mein Selbstschutz ist für mich mein einziger Einfluss beim Zulassen. Den Energiefluss selbst lasse ich natürlich immer zu, denn wer würde sich schon der „großen Seele" gegenüber verschließen.

Externe Einflüsse

Gesundheit kann auch von außen beeinflusst werden. Betrachten Sie einmal zwei Patienten in einem Krankenhaus. Beide haben gerade dieselbe Operation über sich ergehen lassen. Wenn Sie sie nach ihrem Befinden fragen, wird der eine sagen, dass es ihm gut geht und er jetzt nur noch warten muss, bis die Narben verheilen; der andere dagegen erzählt Ihnen, dass er furchtbare Schmerzen hat und seine Gesundheit wohl nie mehr so wird wie sie einmal war. Was glauben Sie? Wer wird am schnellsten genesen? Bestimmt der erste, oder etwa nicht? Es kommt auf die innere Einstellung an, denn diese steuert unsere Selbstheilungskraft. Wer also nicht an seinen Geist oder seinen Körper glaubt, beraubt ihn seiner Heilungs-Möglichkeiten. Wer Glaubenssätze beibehält wie: „Bei mir geht das immer schief!" oder „Ich werde nie gesund!" oder „Ich werde nie Geld verdienen, denn Geld ist schlecht", dem wird all dies auch so widerfahren. Wir müssen lernen, solche Gedanken loszulassen und sie durch neue zu ersetzen wie: „Bei mir wird das auch klappen!" oder „Ich werde wieder gesund, denn das wünsche ich mir *wirklich*!" oder „Ich werde genug Geld verdienen, um leben zu können, denn das Geld selbst ist nicht schlecht!" Also wieder die „Trimurti": Loslassen (Zerstören), Neues zulassen (Erschaffen) und dies die nötige Zeit beibehalten (Erhalten).

Ich habe etwas Ähnliches in einem Krankenhaus selbst erlebt! Eine Krankenschwester sagte eines Tages zu mir: „Sie liegen in einem guten Bett. Alle Leute, die an diesem Platz lagen, wurden sehr schnell wieder gesund!" Das Bett rechts vorne am Fenster sei nicht so gut, denn da würden die Patienten von diesem Zimmer immer am längsten liegen; das hätte das Pflegepersonal schon des Öfteren beobachten können. So war es dann auch! Nach ein paar Tagen konnte ich das Krankenhaus wieder verlassen, doch der junge Mann, der in dem „schlechten" Bett lag, erlitt Komplikationen. Bevor ich ging, sagte ich ihm natürlich noch, dass er sich verlegen lassen sollte. Ich hoffe, er hat es getan! Ob es sich in diesem Zimmer um energetische Störungen – zum Beispiel durch unterirdische Wasseradern – gehandelt hat, habe ich leider nie erfahren. Sicher ist nur, dass die unsichtbaren Energien der Natur auch vor keinem Spital Halt machen. Für das Pflegepersonal ist so ein Phänomen kein Einzelfall; und obwohl nicht erklärbar, doch ganz einfach zu beobachten. Warum beobachten Ärzte oder Versicherungen so etwas nicht? Ein energetisch entstörtes Zimmer könnte viel Leid und sogar viele Kosten einsparen.

Behandlungen bei Tieren und Menschen

Das Grundprinzip der geistigen Behandlung von Mensch und Tier ist für mich sehr ähnlich. Ich bin jedoch froh, mit Tierbehandlungen begonnen zu haben und anschließend zum Menschen übergegangen zu sein. Ich glaube, dass dieser Weg einfacher ist als umgekehrt. Tiere sind der Natur noch näher als Menschen, und für sie gehört die feinstoffliche Welt noch zu ihrem Alltag. Wir Menschen haben viel davon vergessen, nachdem es Religionen, Wissenschaften oder die moderne Technik Jahrhunderte lang als lächerlichen Aberglaube abgetan haben. Der Mensch setzt auf sein Denken, überzeugt davon, das größte und am besten entwickelte Gehirn zu besitzen. Doch bekanntlich haben sogar Spitzmäuse, proportional gesehen, ein größeres Hirn als wir. Die Größe des Hirnes ist allerdings nicht das einzige Kriterium für Intelligenz oder wie Precht es formuliert: „Intelligenz zu haben und sie gezielt einzusetzen, sind [...] zwei verschiedene Dinge."[48] Auch bemerkt er: „... das Zentrum der sogenannten höheren Hirnfunktionen – Bewusstsein, Wahrnehmung, Denken und Vorstellen – ist bei Elefanten, Delfinen und anderen Walen größer [als unseres]: absolut und relativ!"[49] Heute wissen wir, dass Säugetiere ein sehr ähnliches Gehirn im Vergleich zum Menschen haben, und sogar Vögel besitzen ein Großhirn – wenn auch etwas anders strukturiert. Wenn wir dann noch betrachten, dass das Genom der großen Affen (Gorillas, Schimpansen, Bonobos und Orang-Utans) mit unserem zu achtundneunzig Prozent übereinstimmt, sollten wir allmählich die Krone (der Schöpfung) wieder den Tieren überlassen. Schon Charlie Chaplin (1889 – 1977) sagte: „Wir denken zu viel und fühlen zu wenig."[50]

Das Senden und Empfangen von Energien findet bei Mensch und Tier wahrscheinlich gleichermaßen über die Chakras und die Aura statt. Da die tierische Aura – als gesamtes seelisches Energiewesen betrachtet – nicht die sieben Schichten (oder Körper) wie beim Menschen aufweist, sondern, wie bereits beschrieben, wegen des Instinktes bunt durchmischt ist, könnten die

---

48 Precht, 2016, S. 71.
49 Precht, 2016, S. 75.
50 Quelle unbekannt.

Chakras bei ihnen wichtiger sein und die verschiedenen Organe mehr einem Chakra als einer Aura-Schicht zugeordnet sein. Das ist nur eine persönliche Vermutung meinerseits, welche für eine feinstoffliche Heilung auch nicht fundamental wichtig ist, doch für das gezielte Adressieren eines bestimmten Köperteiles oder Organes eine Rolle spielen könnte. Zentral für mich bleibt bei Mensch und Tier, dass die zwischen uns zirkulierende Energie meine Bitte als Absicht mitträgt, um dann im „Rückfluss" die Heilende Information vom „Großen Geist" an den zu Behandelnden übermittelt.

Beim Tier ist jedoch zu beachten, dass die Reihenfolge der Chakras etwas abweicht: Hals- und Herz-Chakra werden in umgekehrter Reihenfolge adressiert, da wir bei Tieren den Zugang über den Rücken und nicht über Brust und Bauch herstellen. (Tiere lassen sich nicht gerne am Bauch anfassen – außer unsere streichelsüchtigen Haustiere – da dies ihre verletzlichste Stelle ist.) Bei Mensch oder Tier wirkt die Energie meiner Ansicht nach über die Emotionen, und feinfühlige Menschen spüren daher auch schneller eine Wirkung als kopflastige. Tiere, als Gefühlswesen, sind von Natur aus immer mit den Energien aus ihrer Umgebung verbunden und lassen deshalb die energetische Wirkung sofort zu.

Gemeinsamkeiten

Erstens: Eine sofortige Beruhigung ist schwierig

Es gibt zwischen Mensch und Tier auch einige energetische Gemeinsamkeiten. Ein wichtiger gemeinsamer Punkt ist die Beruhigung nach einer großen Aufregung. Bei beiden muss man zuerst warten, bis die größte Aufregung vorbei ist, um sie beruhigen zu können. In der stärksten Phase der Aufregung ist ein Mensch oder ein Tier nicht empfänglich für eine beruhigende Behandlung. Der Geist ist im unbewussten „Überlebensmodus" und hat dabei jegliche andere bewusste Handlung oder Kommunikation abgeschaltet. Wenn man zum Beispiel Tiere nach einem Erdbeben beruhigen möchte, hat man keine Chance; bei Menschen ebensowenig. Erst wenn der Geist sich beruhigt, kann man ihn wieder behandeln. Meistens muss man die Tiere an einen anderen Ort bringen, wo sie den externen Einfluss nicht mehr spüren oder sehen. Ich habe schon ein Pferd in seiner Box behandeln wollen, was sich als unmöglich (und gefährlich!) erwies, da zwei Boxen weiter ein anderes Pferd neu „eingezogen" war. Der Hengst war eifersüchtig auf den Neuen, denn dieser stand genau neben „seiner" Lieblingsstute. Als wir ihn fünfzig Meter weiter in das Pferdesolarium stellten (ohne die Anlage anzuschalten), war er plötzlich wieder erreichbar, und ich konnte ihn wunderbar beruhigen.

In Panikmomenten muss man warten, bis diese Panik etwas abflaut, und dann den Zugang zu dem Menschen oder Tier suchen. Auch Tierärzte wissen, dass sie in solch einem Moment kein Tier sedieren können. Die Panik könnte sich sogar kurzfristig verstärken. Bei Menschen hilft oft zuerst eine warme Umarmung und gutes Zureden, um sie von dem traumatisierenden Ereignis abzulenken. Das Unterbewusstsein übernimmt in solchen Momenten das Kommando über den Körper. Der „Kampf-oder-Flucht-Instinkt" lässt alte Programme automatisch ablaufen, um das Leben zu schützen. In diesem Moment ist weder das Bewusstsein noch das Überbewusstsein adressierbar. Wenn das Unterbewusstsein keine bereits gespeicherte Lösung für die aktuelle Situation findet, dann blockiert es alles: Personen versteifen sich und bekommen Schreikrämpfe – wahrscheinlich, um das Bedürfnis nach Hilfe an mögliche Anwesende zu signalisieren. (Ein Schrei ist ein Ur-Ausdruck, der in jeder Sprache der Welt gleich verstanden wird.)

Zweitens: Trauer

Trauer ist ein ganz besonderes Thema. Trauer findet man bei Mensch und Tier in gleicher Weise. Als Mensch glaubt man vielfach, dass Tiere keine Probleme im Umgang mit dem Tod haben. Das stimmt so nicht ganz. Ein Tiger, ein Bär oder ein Wolf kann mit dem Tod seiner Beute umgehen, weil er sich in dem Moment der Tötung im „Jagdmodus" befindet. Das Opfer wird als potenzielles Nahrungsmittel betrachtet. Danach wird es verzehrt und daher immer noch als Nahrungsmittel betrachtet. Der Tod eines Rudelmitglieds oder eines Bruders oder Freundes wird jedoch anders betrachtet. Pferde, Kühe, Hunde, Katzen, aber auch Elefanten oder andere Tiere können beim Tod eines Jungen oder eines nahestehenden Tieres sehr starke Schmerzen und Trauer empfinden. In dem Moment können wir – ähnlich wie bei der Panik – das Tier auch nicht beruhigen oder trösten. Es ist genauso wie bei uns Menschen: Die Trauer muss man zulassen, damit sie sich mit der Zeit abschwächt. Alle Lebewesen müssen ihre Trauerphase durchlaufen, um mit dem Tod eines geliebten Wesens umgehen zu können.

Wenn ein Mensch Vater, Mutter oder Geschwister verliert, dann ist dieser Mensch im wahrsten Sinne des Wortes „untröstbar". Erst nach ein paar Tagen können wir wieder mit der Person sprechen und beginnen, sie zu trösten. Der Mensch muss diese Trauer durchleben, um wieder in den Alltag zurückkehren zu können. Wer um seine Trauer gebracht wird, kann diese nie ganz ablegen. Das ist oft der Fall, wenn bei einem großen Unglück (Krieg, Flugzeugabsturz oder Bergunfall) die Leichen nicht gefunden werden. Das belastet die Hinterbliebenen oft ein Leben lang. Bei den Tieren ist es genau gleich. Wer zwei Tiere hat und eines davon verliert, kann diese schwere Traurigkeit beim noch lebenden Tier klar beobachten. Dieses Tier braucht dann wirklich Trost, und den kann man ihm meistens erst nach ein paar Tagen schenken. Das Mitgefühl darf natürlich von Anfang an gezeigt werden, was oft von alleine geschieht, da der Mensch dieser Tiere in diesem Moment auch trauert. Eine sinnvolle Tierbehandlung kann auch erst gemacht werden, wenn das Tier den Trost sucht und akzeptiert. Im ersten Moment ist es wie bei der Panik: Das Tier ist nicht „ansprechbar", und man kann kaum mit ihm kommunizieren. Aus diesem Grund habe ich hier Beruhigung nach einer Panik und Trost bei einer Trauer zusammengenommen: Der Situationsverlauf ist bei Mensch und Tier sehr ähnlich.

Das Zulassen und Loslassen ist auch hier wieder zentral für eine erfolgreiche Panik- oder Trauer-Behandlung!

Die Tier-Aura

Wenn wir die Aura als gesamten energetischen Körper betrachten, dann haben einige Tiere eine größere Aura als Menschen. Einige von Ihnen werden jetzt sagen, dass die Schichten der immateriellen Ebene (5. bis 7. Aura-Schicht) beim Menschen am größten sind. Damit könnten Sie sogar Recht haben, da diese Ebene wohl bei den meisten Tieren nicht oder nur schwach ausgeprägt ist. Doch da die Tier-Aura nicht in Schichten strukturiert ist, sondern bunt durchgemischt (Instinkt) erscheint, kann man ihre Aura nur als Gesamtheit betrachten. Der Vergleich einer Aura von Tier zu Mensch ist somit nur als Ganzes möglich. Wie bereits erwähnt, müssen Fluchttiere (wie Pferde) oder Einzeljäger (wie Katzen) eine sehr große Aura besitzen, um jegliche energetische „Störung" darin sofort wahrnehmen zu können. Das Überleben ihres physischen Körpers hängt von ihrer hochsensiblen Fähigkeit des psychischen Fühlens ab. Versuchen Sie einmal, sich einem dösenden Pferd von hinten (außerhalb seines Blickfeldes) leise zu nähern. Sie werden überrascht sein, auf welche Distanz das Pferd reagiert und seinen Kopf in Ihre Richtung drehen wird. Für mich selbst bedeutet dies, dass ich mich bei jeder Behandlung fast immer innerhalb der Aura des Tieres befinde. Bei Menschen berühren sich unsere Energiefelder nur teilweise. Aus diesem Grund ist auch das gegenseitige Vertrauen von Tier und Mensch wichtig, damit sie diese „invasive" Präsenz zulassen können. Wie fühlen wir uns am Morgen in einem überfüllten öffentlichen Verkehrsmittel? Ein Unbehagen befällt ganz bestimmt die meisten von uns, wenn viele (unbekannte) Menschen zum Teil in unsere Aura eintreten. Unbewusst reduzieren wir in diesem Moment die Größe unseres Energiefeldes, um uns vor ungewünschten Einflüssen oder Interaktionen zu schützen. Das tun wir auch, wenn wir in einem Spital operiert werden!

Einem Tier geht es genauso, wenn es nicht weiß, wer wir sind und was wir von ihm wollen. Deshalb stelle ich mich immer zuerst dem Tier vor und erkläre ihm meine Behandlungsabsicht. Bei Wildtieren ist dies etwas schwieriger, denn sie können nicht wie Haustiere „mit ihren Menschen schwingen". Sie befinden sich beinahe permanent im Überlebensmodus und betrachten jede fremde Annäherung als Gefahr. Bei Artgenossen ihrer Gruppe gilt das dagegen nicht! Bei ihnen benötige ich daher etwas mehr Zeit für das „Vorstellungsgespräch" und muss dabei natürlich auch auf meine eigene Sicherheit achten. Für gefährliche Wildtiere ist eine Fernbehandlung – wenn auch nur über eine Distanz von ein paar Metern hinter einer Absperrung – wohl die angebrachteste Methode.

Individuum und Herde

Bei einer Gruppe von Tieren (zum Beispiel einer Rotte Wildschweinen oder einer Schafherde) wird dies noch komplizierter, da man dabei die ganze Gruppe adressieren muss, bevor man ein Individuum behandeln kann. Tiergruppen haben nebst ihren individuellen Seelen auch eine Art Kollektivseele, und wahrscheinlich ist nur letztere mit dem „Großen Geist" verbunden.

Die Energie fließt dabei durch diese Kollektivseele, um schließlich – durch die Absicht gesteuert – zum kranken Tier zu gelangen. Bei einer Herde von Schafen kann man beobachten, wie zuerst die Herde und dann erst das einzelne Schaf reagiert. Bei sehr großen Herden wird das Ganze noch komplizierter, denn eine Herde besteht meistens aus kleinen Herden und Gruppen (zum Beispiel bei Wildpferden wie Mustangs[51]), also bestimmt auch aus Kollektiv- und Gruppenseelen sowie einer Art „Herden-Intelligenz", wenn ich dieses Wort hier etwas missbrauchen darf. Die ganze Herde anzusprechen, wird daher wegen der Größe vermutlich unmöglich sein, doch ich muss zugeben, dass ich dies noch nie versucht habe. Je mehr Tiere man zugleich adressiert, umso mehr Energie benötigt man. Auch wenn es nicht meine eigene Energie ist, welche dabei fließt, so stellt die Konzentration doch eine sehr große Anstrengung dar. Bei Vögel- oder Fischschwärmen sind Individuen derart gut aufeinander abgestimmt, dass es ebenfalls kaum möglich ist, ein einzelnes Tier individuell zu behandeln. Das geht nur, wenn ein Vogel verletzt und somit von dem Schwarm getrennt ist. Einen Star, der in eine Fensterscheibe fliegt, kann man gut behandeln, doch wenn er mit seinen Artgenossen kunstvolle „Flugmanöver" vollzieht, ist er irgendwie nicht erreichbar. Sein Geist scheint in diesem Moment auf eine Art Flugmodus umzuschalten, der seine ganze geistige und physische Aufmerksamkeit benötigt. Er kennt dann nur noch den Schwarm und seine unmittelbaren Flugnachbarn.

---

51 In einer sehr großen Herde von Mustangs leben sehr viele Gruppen mit je einem Hengst, einer Leitstute sowie drei bis vier weiteren Stuten. Solche Gruppen können sich zu einer Herde zusammenfügen, und mehrere Herden können eine Großherde bilden. Ein einziger Hengst und eine einzige Leitstute wären bei Hunderten von Tieren völlig überfordert.

Zellen als Speicher

Ich habe in Kapitel 3 erwähnt, dass bei Tieren, meiner Meinung nach, kein Placebo-Effekt stattfinden kann. Logischerweise wissen Tiere nicht, was ein Medikament und noch viel weniger was ein Placebo ist. Tiere folgen ihrem Instinkt und leben im Hier und Jetzt. Ihr Instinkt ist eine Mischung zwischen dem, was wir Menschen als Bewusstsein, Unterbewusstsein und Überbewusstsein betrachten. Auch ihre Aura[52] ist nicht wie unsere in Schichten aufgebaut, sondern ihre feinstofflichen Energien sind bunt durchgemischt. Sie sind daher immer mit der „großen Energie des Universums" verbunden, und ihr natürliches Wissen ist seit Generationen in ihren Genen eingelagert. Warum ist das so? Ein Tier würde sich nie entscheiden, in einen Abgrund zu springen (außer die Lemminge). Wenn wir die ihnen zur Verfügung stehenden Entscheidungsmöglichkeiten betrachten, so sehen wir, dass es nicht wegen einer genauen Abwägung/Überlegung ist und ganz bestimmt auch nicht aus eigener Erfahrung! Wahrscheinlich aber ist es eine instinktive Entscheidung. Menschlich betrachtet, würden wir also sagen; die Entscheidung ist weder bewusst noch unbewusst, sondern überbewusst.

Wir Menschen glauben, dass unser Wissen in unserem Hirn abgelagert wird – was nach Larry Dossey allerdings weder erforscht noch bewiesen wurde.[53] Unser bewusstes Wissen vielleicht zum Teil schon, so wie im Arbeitsspeicher eines Computers. Unsere Erfahrung, welche alles Erlebte speichert und im Unterbewusstsein dafür sorgt, dass wir keine lebensbedrohliche Handlung vornehmen, würde die geistigen Speicherkapazitäten unseres Hirnes (die Festplatte) allerdings übersteigen. Forscher haben viele Theorien dazu entwickelt, sogar dass wir einen

---

52 Aura hier im Sinne von "gesamtes seelisches Wesen".
53 Dossey, 2014, S. 31.

Bauchspeicher in unseren Darmwänden haben. Heute tendieren die fortschrittlichsten Wissenschaftler dazu, zu behaupten, dass unser unbewusstes Wissen in allen Körperzellen gespeichert wird. Dies ist auf eine Beobachtung von vielen Ärzten zurückzuführen: Sie bemerken, dass Patienten, welche ein Organ transplantiert bekommen haben, sich plötzlich an Dinge erinnerten, die sie gar nicht erlebt hatten. Diese häufig gemachte Beobachtung hat viele Ärzte überrascht und verunsichert.

Die vom Computer faszinierten Menschen widersprechen der Speicherung in allen Zellen natürlich, da es ja eine unnötige Redundanz[54] darstellen würde. Wer von ihnen fragt sich allerdings, warum unsere vollständige DNS in jeder einzelnen Körperzelle vorhanden ist? Arbeitet „die Natur" also ganz bewusst mit einer maximalen Redundanz? Dann muss es auch einen sehr guten Grund dafür geben! Die Sicherheit, die Selbstheilungsmöglichkeit oder noch etwas anderes? Wenn dies eines Tages als wissenschaftlich erwiesen gilt, dann werden die Wissenschaftler diese Zellspeicher sicher auch bei den Tieren entdecken. Da Tiere allerdings kein menschliches Bewusstsein besitzen, sondern instinktiv handeln, wird ihr Wissen wahrscheinlich anders strukturiert sein: Menschen speichern meiner Meinung nach ihr Wissen in einer Art „Arbeitsmappen", welche nach Kriterien wie „Lebenserhaltung", „Schmerz"- oder „Enttäuschungsvermeidung" und anderen geordnet sind. Tiere legen wahrscheinlich alles in einer einzigen großen Schublade ab. Mit ihrem Instinkt suchen sie nicht nach der im Moment geeignetsten Kategorie, sondern mischen alle in einer gegebenen Situation notwendigen Informationen zu einer sinnvollen Handlung zusammen. Die Funktionsweise des Instinkts ist also eine wertvolle Hilfe für Tiere zum Überleben in der Natur. Schnelle und sinnvolle Reaktionen können ein Leben retten. Die strukturierte Denkweise des Men-

---

54 Redundanz: Das mehrfache Speichern der gleichen Daten.

schen ist zu langsam, um natürliche Gefahren rasch meistern zu können. Daher nutzt der moderne Mensch seit jeher Hilfsmittel, denn er muss sein Instinkt-Manko mit seinem Intellekt kompensieren, um überleben zu können.

Der Ur-Instinkt hilft Tieren in (fast) allen Situationen: Sie werden bei einem Leiden eine bestimmte Pflanze fressen und bei der Gefahr, selbst gefressen zu werden, fliehen oder sich (gut getarnt) verstecken. Tiere wissen nicht, dass gewisse Pflanzen Heilsubstanzen enthalten, aber sie haben bei bestimmten Beschwerden plötzlich Lust, eine bestimmte Pflanze zu fressen. Die Natur hat demnach eine Apotheke aus dem Pflanzenreich für sie (für uns alle?) eingerichtet. In dieser Apotheke gibt es allerdings keine Placebos! Die Heilpflanzen beinhalten nicht nur Wirksubstanzen, sondern auch gewissen Energien. Ihre Wirkung basiert auf beiden Komponenten, wobei die Energie auch als Informationsträger für die Selbstheilung des Körpers fungiert.[55] Tiere nutzen beides. Pferde fressen gerne Johanniskraut – ein bekanntes natürliches Antidepressivum[56] – oder bei Nierenproblemen knabbern sie Erde. Tiere nutzen aber genauso die energetische Ausstrahlung mancher Kraftorte, um ihre Energien zu harmonisieren, um ihre Seele zu stärken oder energetischen Störfeldern auszuweichen. Beobachten Sie einmal, wo Kühe in einem Offenstall, der Wasseradern aufweist, stehen: Nur an den strahlungsfreien Stellen. Dort, wo sich die Wasseradern befinden, wird nie eine Kuh stehen oder liegen bleiben. Aus all diesen Gründen bin ich überzeugt, dass bei Tieren Substanzen und/oder Energien klar wirken und es keinen Placebo-Effekt bei ihnen geben kann. Die Natur macht den Tieren nichts vor; warum sollten sie dann

---

55 Wenn die pharmazeutische Industrie dies bei ihrer Suche nach neuen Wirksubstanzen im Dschungel des Amazonas berücksichtigen würde, könnte sie größere Fortschritte erzielen. Bei den Völkern, die im Amazonasgebiet leben, sind die „Medizinmänner" nämlich nicht nur Pflanzenkenner, sondern auch Schamanen!

56 Johanniskraut verstärkt allerdings auch die Sonneneinwirkung auf der Haut und kann daher zu Sonnenbränden führen!

uns etwas vormachen? Die Tiere, welche ich bis jetzt behandeln durfte, zeigten mir immer, dass sie eine energetische Wirkung gespürt haben.

Auch ein Scheitern zulassen

Es gibt immer schwierige Momente im Leben eines „Heilers", nämlich dann, wenn der erwünschte Heilungserfolg nicht eintritt. Bei Ärzten oder Tierärzten ist dies ebenfalls so, was mir sehr viele von ihnen in den letzten fünfundzwanzig Jahren bestätigt haben. Es geht dabei weniger um das Ausbleiben des Erfolges, was hauptsächlich das menschliche Ego stören würde, als vielmehr um das Gefühl der Ohnmacht gegenüber einem Menschen oder einem Tier, dem man von ganzem Herzen gesundheitlich helfen möchte. Trotz des Wissens, dass man nicht alle Tiere oder alle Leiden heilen kann, sind auch diese Momente besonders schmerzhaft für mich. Es gibt zwar noch immer ein paar Menschen, die nicht akzeptieren können, dass wir im 21. Jahrhundert ein Familienmitglied (Mensch oder Tier) gehen lassen müssen, doch auch wenn es nicht immer unbedingt mit dem Lebensende verbunden ist, fragen wir uns, warum nicht jedes Lebewesen geheilt werden kann.

Wie mir Carol Komitor[57] einmal so schön sagte: „*Wenn es im ‚großen Buch' geschrieben steht, dass es so sein muss, dann können wir nichts daran ändern.*" Das nennen wir heute Karma! Der Schimmelkrebs meines Pferdes ist so ein Karma. Da kann auch ich nichts machen, außer ihm die Lebensqualität zu verbessern. Da stellt sich natürlich die große Frage: Haben Tiere ein Karma? Doch mehr dazu im Kapitel 4. Bei Menschen kann das Bewusstsein oder der Mangel an Glauben (welcher wiederum das Bewusstsein beeinflusst) eine Behandlung blockieren. Der Glaube

---

57 Carol Komitor, Gründerin von *Healing Touch for Animals*

spielt bei den Tieren zwar keine Rolle, doch auch ihr Bewusstsein kann blockieren: Es gibt immer wieder Tiere, welche nicht behandelt werden wollen. Das ist natürlich ihr gutes Recht. Dafür gibt es verschiedene Gründe: Das Tier hat kein Vertrauen in den „Heiler" (oder in Menschen allgemein) oder das Tier will nichts an seiner Lage verändern, was oft bei Verhaltensstörungen oder Traumata vorkommt. Bei Verhaltensstörungen sind Tiere wie kleine Kinder: Sie glauben, dass ihr Verhalten völlig normal oder legitim ist und wollen natürlich nichts daran ändern. Ich habe Hengste erlebt, die früher nur Deckhengste waren und nicht geritten wurden; sie wollten natürlich weiter so leben und wehrten sich gegen die verlangte Arbeit, die ihr neuer Reiter von ihnen verlangte. Ihr gutes Recht? Vielleicht, aber welcher Reiter wird sie dafür füttern und pflegen? Bei Traumata verläuft es etwas anders, denn da haben die Tiere Angst, dass sie während einer Behandlung die traumatische Situation nochmals erleben müssen. Da benötigt es viel (mentale) Überzeugungsarbeit vor der Behandlung.

Ich bin auch immer wieder erstaunt, wie unterschiedlich „Diagnosen" zwischen Tierärzten und Heilern ausfallen. Tierärzte finden physische Ursachen besser als Heiler. Sie können mit Röntgenstrahlen oder Computertomografien (CT) in die Tiere hineinschauen und so unsichtbare Schäden sichtbar machen. Sie haben auch gelernt, gewisse Signale wie eine unkorrekte Gangart zu deuten und dadurch die Leidensursache zu finden. Ein Heiler findet durch die Abfrage seines Pendels mehr die tiefen (meistens alten) Ursachen sowie die psychologischen Störungen des Tieres heraus. Die weit zurückliegenden Ursachen haben inzwischen oft weitere Schäden hervorgerufen, welche der Tierarzt beobachtet. Ein Pendel ortet am besten die Punkte im Körper, welche eine energetische Störung aufzeigen. Diese energetische Blockaden können – müssen aber nicht – mit der Lokalisierung der physischen übereinstimmen, doch sehr oft zeigen sie, was wichtig ist, den alten Ursprung des Leidens, jedoch nicht unbedingt den aktuellen Ort der körperlichen Störung. Immer wenn die Diagnose des Tierarztes von meiner abwich, war ich anfänglich zutiefst verunsichert und glaubte, versagt zu haben. Heute bin ich froh, dass ein Tierarzt mir zeigen kann, wohin sich das Leiden verschoben hat. Wenn er den aktuellen Ort medizinisch behandelt und ich energetisch den Ursprungsort, dann ergibt sich eine wunderbare Synergie, welche dem Tier optimal hilft. Ein Zusammenwirken in diesem Sinne betrachte ich nun nicht mehr als ein Scheitern, sondern eher als eine holistische Behandlung, welche dem Tier eine langfristig bessere Heilungschance bietet.

Auf jeden Fall muss ein guter Heiler auch ein Scheitern akzeptieren und dies dem Tierbesitzer so melden können. Hier müssen das Vertrauen und die Offenheit so weit reichen, dass beide mit der Situation umgehen können und der „Tierbesitzer" allenfalls einen anderen Heiler oder Tierarzt aufsucht. Es hat nichts mit Versagen oder schlechtem Können zu tun, es liegt manchmal einfach an einer unpassenden „Chemie" zwischen Behandler und Behandeltem. Ob Tier oder Mensch; nicht jeder passt zu jedem und nicht jeder „kann es" mit jedem. Wenn die Energie zwischen den beiden Partnern nicht frei fließt, dann muss einer der Partner ausgewechselt werden. Dies ist keine angenehme Prozedur, doch nur mittelmäßige Behandler würden auf eine Weiterbehandlung beharren: Gute kennen das und ziehen sich demütig zurück.

In der Medizin sowie in der „Geistheilung" sollten auch sekundäre Aspekte gleich behandelt werden, wie zum Beispiel das Arztgeheimnis oder das Händewaschen zwischen zwei „Patienten". Das Vertrauen verlangt Diskretion, so wie das Berühren eines Patienten Hygiene verlangt – bei Mensch und Tier. Warum wird dies nicht von allen Gesundheitsbeteiligten verlangt? Das Arztgeheimnis sollte auch in einem sinnvollen

Maß von Heilern gewahrt werden – mit einer Ausnahme: Das Informieren des „Tierbesitzers". Auch bei altem Wissen sollten wir daher aufmerksam und respektvoll mit diesen Aspekten umgehen.

Der Tod

Ein schmerzhaftes Thema, das sehr schwierig anzusprechen ist. Der Tod eines Tieres (oder eines Menschen) ist immer sehr schwer zu akzeptieren und zu verarbeiten. Eine Trauer braucht ihre Zeit, und während dieser Zeit stellen wir uns viele Fragen, unter anderem die unvermeidliche: „Warum?" Warum musste dieses geliebte Wesen uns verlassen? Das „uns verlassen" ist dabei leider allzu oft der wichtigste Teil der Frage. Wir fragen uns selten, ob das Tier seine irdische Aufgabe erfüllt hat und sich nun wieder in seinem wahren ICH befindet. Wir fragen uns nicht, was seine nächste Aufgabe ist und wo und wann es wieder geboren wird. Wir fragen uns leider zu oft, warum es *uns* so plötzlich alleine gelassen hat. Viele Menschen fragen sich, was aus ihnen wird, da sie ja nicht ohne ihre geliebten Tiere leben können. So oft habe ich gelesen, dass Sterben eigentlich nur bedeutet, von einem Raum in einen anderen überzutreten. Der Tod hat nur in unserem physischen Leben die schreckliche Bedeutung, dass alles zu Ende ist – vor allem für die Hinterbliebenen. In der geistigen Welt bedeutet der Tod nur einen Wechsel in Form und „Ort". Das geistige Leben bleibt unendlich. Diesen Wechsel dürfen wir, als Hinterbliebene, nicht blockieren durch unseren Wunsch des weiteren Zusammenseins. Auch hier heißt es „loszulassen". Wir müssen das geliebte Wesen loslassen, um ihm seine weitere geistige oder seelische Entwicklung zu ermöglichen. Das können wir nur, wenn wir das Beste für unser Tier wollen und unsere eigenen Wünsche zurückstellen. Tierliebe bedeutet, das Wohl unseres Tieres vor unser eigenes Wohl zu stellen. Ich bin überzeugt,

dass wir, wenn unser Tier uns liebt, ihm irgendwie und irgendwann wieder begegnen werden, auf der einen oder anderen Seite
der großen Regenbogenbrücke.

4
Alles ist eins

Nicht nur bei Heilungen sind wir energetisch verbunden; und nicht nur Geistheiler kümmern sich um Energie und Geist. Von den Ägyptern bis zu Darwin und von den Anthroposophen bis zu den Quantenphysikern finden wir die unterschiedlichsten Betrachtungen zu Energie, Geist und Seele. Was ist Glaube und was ist Wissenschaft? Wenn wir die mystischen Aspekte der Tierheilung aus verschiedenen Perspektiven betrachten, dann entdecken wir, dass wir nicht alleine dastehen und der Graben zwischen Glaube und Wissenschaft sich langsam wieder schließt. Schlussendlich ist doch alles eins!

Der „Große Geist"

So wie jeder Mensch eine Seele besitzt, so gibt es auch eine „große Seele", mit der jede einzelne Seele verbunden ist: Den „Einen Geist" (One Mind), wie Larry Dossey (*1940) ihn nennt. Dossey beschreibt auch wunderbar die Erkenntnis (das „arithmetische Paradoxon") vom österreichischen Physiker Erwin Schrödinger (1887 – 1961): *„Obwohl es Milliarden scheinbar getrennte Geiste gibt, ist doch die Weltansicht der Menschen weitgehend kohärent. Dafür gibt es nur eine angemessene Erklärung, so schrieb er: ‚Die Vereinigung aller Bewusstseine in eines. Die Vielheit ist bloßer Schein, in Wahrheit gibt es nur ein Bewusstsein.'"* Und weiter zi-

tiert Larry Dossey Schrödinger: *„Ich wage, den Geist unzerstör-*
bar zu nennen, denn er hat sein eigenes und besonderes Zeitmaß:
nämlich er ist jederzeit jetzt. *Für ihn gibt es in Wahrheit weder*
früher noch später, sondern nur ein Jetzt, in das Erinnerungen und
die Erwartungen eingeschlossen sind."[58] Und er zitiert auch sehr
passend Arthur Schopenhauer: *„[Alles] greift … ineinander und*
passt zueinander."[59]

„Die hawaiischen Kahunas nennen diese immerfort präsente
intelligente Wesenheit aumakua, *was man mit ‚hohes Selbst' über-*
setzen kann."[60] Auch die Philosophin Renée Weber nennt ihr
Buch „Alles Leben ist eins" und beschreibt darin die „Einheit des
Seins"[61], betrachtet einerseits von Quantenphysikern und ander-
seits von Mystikern. Ulrich Warnke (*1945) schreibt in seinem
Buch „Quantenphilosophie und Spiritualität" über *„Das ‚Meer*
aller Möglichkeiten' als Quelle allen Geschehens."[62] Er definiert
das „Meer aller Möglichkeiten" als ein physikalisches Vakuum,
also als einen masseleeren Raum, der von unserem Körper bis in
die Unendlichkeit des Universums reicht und in seiner Ganzheit
ein Hintergrundfeld darstellt. *„Dieses Feld ist also innerhalb mei-*
nes Körpers in jedem Atom (zwischen Atomkern und Elektronen)
[daher ein masseloses Vakuum. A.d.A.] *und es ist auch zwischen*
den Atomen, also zwischen den Elektronen, die Moleküle aufbau-
en. Dieses Feld ist vollkommen identisch mit dem Feld, das das
Universum durchzieht. Das Hintergrundfeld ist unendlich und
ewig"[63], schreibt Warnke weiter. Die Idee eines ähnlichen Feldes
– eines morphogenetischen Feldes – formulierte 1981 bereits der
britische Biologe Rupert Sheldrake (*1942) in seinem Buch „A

---

58 Dossey, 2014, S. 47-48.
59 Ebd.
60 Warnke, 2012, S. 250.
61 Die „Einheit des Seins" wurde von Parmenides aus Elea (520/515 – 460/455 v.C.)
    bereits beschrieben.
62 Warnke, 2012, S. 67.
63 Ebd.

Alles ist eins

New Science of Life"[64]. Bemerkenswert ist, dass Sheldrake – als Wissenschaftler – dieses Buch im Ashram des Benediktinerpaters Bede Griffiths in Hyderabad (Indien) schrieb.

Der „Große Geist" ist also eine weitverbreitete Ansicht. Ich selbst nenne die Verbindung zum „Großen Geist" das Überbewusstsein und glaube, dass die Energie dieses „Großen Geistes" auch in direkter Verbindung zum göttlichen Geist steht, ohne dabei selbst dieser Geist zu sein.

Wenn wir von dem Glauben ausgehen, dass wir als reine Seelen (zwischen zwei irdischen Leben) in diesem „Großen Geist" verweilen und dort beschließen, für eine bestimmte Zeitperiode auf die Erde (oder eine andere Welt) zu kommen, um ein geistiges Experiment durchzuführen, das unsere Seele auf ein höheres Niveau bringt – was der Sinn des Lebens sein sollte – dann ist es auch logisch, dass wir in unserem irdischen Leben nicht mehr „bewusst" eins mit dem Universum sein können. Im „Großen Geist" existiert das gesamte universelle Wissen, über alles, über jeden und über jede Zeit von der Vergangenheit bis in die Zukunft. Der „Große Geist" ist weder zeitlich noch räumlich gebunden.[65] Würden wir diesem universellen Wissen bei vollem Bewusstsein angeschlossen bleiben, so würden wir auch jede Lösung zu jedem nur möglichen Problem bereits kennen und könnten uns deshalb nicht weiterentwickeln. Wir bekommen daher das Recht, während unseres Verweilens auf der Erde völlig autonom zu leben, eine komplette Entscheidungsfreiheit zu besitzen und keinen *bewussten* Zugang zum universellen Wissen mehr zu haben. Wir müssen daher mit unserem unabhängigen und lokalen Wissen auskommen und unsere Entscheidungen selbst treffen. Ohne diese Freiheit könnten wir keine Fehler machen und aus diesen lernen, da wir ja alles wüssten.

---

64 Sheldrake, 1995.
65 Was unendlich oder unsterblich ist, kann nur "nichtlokal" und zeitlos sein.

Unsere Seele bleibt jedoch mit der „großen Seele" über das Überbewusstsein verbunden, so dass wir in Träumen oder während Meditationen und Ähnlichem zu einem Teil unseres „lokal gespeicherten" Universalwissens noch Zugang haben. Wenn wir ein Pendel benutzen, dann kommen die Antworten aus dem Überbewusstsein, welches unmerklich (für unser Bewusstsein) unseren Arm bewegt. Unser Bewusstsein erlaubt es uns, „logisch" zu überlegen und zu handeln sowie unseren Körper bewusst zu bewegen. Das Unterbewusstsein, welches alles persönlich Erlebte speichert, ist da, um uns mit der Erfahrung vor gefährlichen Handlungen zu schützen und auch um die notwendigen Lebensfunktionen (Atmung, Körpertemperatur und Verdauung) unseres Körpers zu steuern. Das Überbewusstsein versucht, uns über Gefühle und Emotionen in die Richtung zu lenken, die wir vor unserem irdischen Dasein als Ziel für unser geistiges Experiment definiert haben. Unsere Seele muss unserem Geist also diskrete Tipps geben, damit wir auch den beschlossenen Sinn UNSERES LEBENS verfolgen. Körper, Geist und Seele sind noch immer verbunden, doch wir haben keinen bewussten Zugang mehr zu allen dreien. Wenn alle Seelen – auch Schwarmseelen – über den „Großen Geist" miteinander verbunden sind, dann könnte dies auch die Bewegung eines Vogel- oder Fischschwarmes erklären, wo die Synchronizität im Bereich einiger Millisekunden liegt, was die Wissenschaft noch immer in eine schwere Erklärungsnot bringt.

Bedürfnisse

Der „Große Geist" schaltet sich jedoch nicht von sich aus ein, um uns zu unterstützen, denn das darf er wohl nicht, da auf unserem Planeten, wegen unserer Entscheidungsfreiheit, eine entsprechende Gesetzmäßigkeit gilt. Larry Dossey schreibt diesbezüglich: *„Im Einen Geist existieren offensichtlich alle Möglichkeiten,* *alle Informationskonfigurationen* in potentia. *Alle sind einander überlagert und warten auf einen Anstoß, um sich in unserer Erfahrungswelt in eine Aktualität zu verwandeln.*" Und weiter: *„Wie die Stammzellen, wartet der Eine Geist auf Anweisungen und einen Anstoß. Muster, Spezifität und Individualität sind daher bezeichnend für die Art und Weise, wie der Eine Geist sich in unserem Leben manifestiert. Er reagiert auf die Bedürfnisse, Wünsche, Anliegen und Absichten von Personen und Situationen.*"[66] Benötigen wir Unterstützung, so können wir den „Großen Geist" also um Hilfe bitten – und diese Hilfe wird uns auch gewährt. Da wir uns auf einer Gefühlsebene befinden, sollte unsere Bitte emotional kommuniziert werden, was wiederum am besten in Form eines Gebetes[67] geht. Der Unterschied zwischen Bitten (*quaerere*) und Beten (*orare*) liegt also in seiner energetischen Form: Die Bitte kommt aus dem Bewusstsein und wird meistens mündlich ausgedrückt. Das Beten kommt aus dem Herzen und wird – ob laut oder still – emotional ausgedrückt. Emotionen haben bekanntlich mehr Kraft (Energie) als Wörter. Diese Energie, in der alles Leben eins ist, ist wahrscheinlich jene, welche ich gedanklich oder geistig aufrufe, um ein Tier oder einen Menschen zu behandeln. Viele Bücher sprechen daher auch von „Geistheilung", wobei ich dabei nicht an den heilenden Geist denke, sondern an den Geist des Tieres oder des Menschen, der geheilt werden soll. Geistheilung als Heilung des Geistes. Ist der Geist geheilt, kann auch der Köper heilen.

Da diese Energie mit dem universellen Wissen und der göttlichen Kraft verbunden ist, kann ich auch ihre Wirkungsweise frei zulassen, denn sie muss unweigerlich auf reiner, bedingungsloser Liebe sowie auf universellem zeit- und raumunabhängigen Wissen basieren. Diese feinstoffliche Energie weiß

---

66 Dossey, 2014, S. 63-64 sowie S. 62.
67 Ein Gebet wird hier nicht als das "Herunterleiern" eines auswendig gelernten Textes betrachtet, sondern als eine inbrünstige Bitte, welche tief aus unserem Herzen kommt.

also genau, wie und wo sie eingreifen und mit welcher Information sie versehen sein muss, um meine Bitte erfüllen zu können. Aus diesem Grunde habe ich bereits beschrieben, dass ich für ein Tier oder einen Menschen eine Absicht formuliere, den Gedanken dann loslasse, damit er geschehen kann, und dann „nur" noch als Energieübermittler fungiere. Larry Dossey formuliert es so: *„Wenn wir durch einen bewussten Akt Informationen in die Umwelt entsenden und diese als Fernwirkung in Erscheinung treten – zum Beispiel als Fernheilung – dann sagen wir uns, dass wir etwas ausgesandt haben müssen, was die Fernheilung ‚da draußen' hervorgerufen hat. Aber da draußen gibt es kein da draußen."*[68] Es geht also um Bitten und Zulassen – innerhalb des „Großen Geistes". Mein großes Glück ist, dass ich den Energiefluss spüre und somit auch fühle, welche Energie, wie lange und wie intensiv durch mich hindurchfließt. Zuerst fließt meine Bitte und dann fühle ich die heilende Energie des „Großen Geistes", welche durch mich in den Körper des Behandelten eintritt. Die Behandlung geschieht durch mich und die Heilung durch die göttliche oder gemeinsame universelle Energie, übermittelt durch mein Überbewusstsein. Daher ist es auch unwichtig, ob die Behandlung am Körper stattfindet oder eine Fernbehandlung ist.

Für Fernbehandlungen sollte ich das Tier oder den Menschen jedoch kennen – also mindestens einmal gesehen oder getroffen haben – damit die Energie auch richtig und kraftvoll übermittelt wird. Ein Foto genügt notfalls auch.

Energie: Stark oder feinstofflich?

Was ist eigentlich Energie? Wo kommt die heilende Energie her? Dies sind Fragen, die ich oft höre! Darum möchte ich ihnen hier

---

68 Dossey, 2014, S. 53-54.

einen eigenen Abschnitt widmen. Wir haben bereits gesehen, dass alles Energie ist, das ganze Universum und auch dessen Materie, die eine dichte, langsam schwingende Energie ist. Doch viele Menschen denken beim Wort „Energie" noch immer an eine Steckdose für ihr Handy oder an eine Batterie für ein anderes Spielzeug. Energie wird mehrheitlich als treibende Kraft für irgendein Gerät oder eine Maschine betrachtet. Dass unsere Sonne eine schier unerschöpfliche Energiequelle ist, zumindest auf menschlicher Zeitbasis betrachtet, wird inzwischen von einer großen Mehrheit der Menschen akzeptiert; auch dass unsere Erde eine riesige Energie besitzt, ist einigen Menschen bewusst. Doch hätte unser Planet kein starkes (energetisches) Magnetfeld, gäbe es kein Leben auf ihm. Die berühmten Nordlichter (Aurora Borealis) zeigen uns, welche enormen Energiemengen aufeinander stoßen, wenn das Erd-Magnetfeld die Sonnenwinde um den Planeten herumleitet, anstatt sie durch uns hindurchströmen zu lassen. Viele Tiere, von den Zugvögeln bis zu den Bienen, können das Magnetfeld sehen oder spüren und sich daran orientieren. Jeder vom Menschen erbaute Kompass richtet sich danach. Nur weil wir es nicht sehen können, bedeutet es eben nicht, dass solche Energieformen nicht existieren.

Planeten, Sonnensysteme und sogar ganze Galaxien „schweben" sozusagen im All. Dafür sind enorme Kräfte, also Energien erforderlich. Diese Energie gibt es im ganzen Universum. Doch mit solchen Energien können wir Menschen nicht umgehen, sie sind zu groß und zu mächtig für uns. Es gibt allerdings eine feinere Energie, die alle Lebewesen besitzen und welche alle Lebewesen verbindet: die feinstoffliche Energie. Sie wird feinstofflich oder auch subtil genannt, da sie alles Grobstoffliche (die Materie[69]) durchdringt und somit alles verbindet. David Bohm beschreibt sie folgendermaßen: *„Es stellt sich die Frage, ob Materie recht grob und*

---

69 Materie ist eigentlich „nur" verdichtete Energie mit einer niedrigen Schwingung.

Der Tierheiler

mechanistisch ist oder immer feiner und feiner und damit ununterscheidbar von dem wird, was Menschen Geist nennen."[70]

Wenn diese Energie alles durchströmt, dann müsste sie auch eine feinstoffliche Kommunikations- und Austauschebene für alle Lebewesen sein, denn jedes Lebewesen lebt schließlich durch oder wegen seiner Lebenskraft oder Lebensenergie. Larry Dossey schreibt in seinem Buch „One Mind": *„Sheldrake ist offen für die Vorstellung von einem erweiterten Bewusstsein der Tiere und für die Fähigkeit von Menschen und Tieren, aus der Ferne nichtlokal miteinander zu kommunizieren. Seine sorgfältigen Experimente zur Überprüfung dieser Möglichkeit erbringen übereinstimmende positive Ergebnisse.*"[71] Diese nichtlokale Fernkommunikation läuft wahrscheinlich über den „Großen Geist" und mittels feinstofflicher Energie.

Interessant ist, dass die feinstoffliche Energie bereits in den alten vedischen Texten in Indien beschrieben und diese Idee vom großen Philosophen Platon später übernommen wurde. Von Christi Geburt bis zur Renaissance findet man in der Hermetik[72] Elemente davon, welche sogar von einigen christlichen Geistlichen studiert wurden, obwohl sich die christlichen Kirchen nicht dazu äußern. Die Wissenschaft stemmte sich lange vehement dagegen, da sie die Existenz dieser subtilen Energieform nicht beweisen konnte, doch die Quantenphysik beschreibt eine solche energetische Form, da bei ihr der Beobachter nicht ohne (energetischen) Einfluss auf das Beobachtete bleiben kann. Materie und Energie sind in der Quantenphysik untrennbar, welche einen Einfluss unserer Gedanken auf die Materie (auf subatoma-

---

70 Weber, 2012, S. 315.

71 Dossey, 2014, S. 98-99.

72 Hermetik: antike Geheimlehre, benannt nach Hermes Trismegistos. Dieses Wissen wurde nur an Eingeweihte weitergegeben, weshalb unser heutiges Wort „hermetisch" daraus entstand. Die hermetischen Schriften wurden angeblich in den vier ersten Jahrhunderten nach Christus verfasst und beeinflussten die Wissenschaft bis etwa zur Renaissance.

rem Niveau) zeigt, da Gedanken auch nur aus Energie bestehen. Wenn Gedanken also einen Einfluss auf die Materie haben, dann könnte man die Geistheilung folgendermaßen beschreiben:

> **„Geistheilung ist die heilende Beeinflussung des materiellen Körpers durch die energetische Absicht des Heilers und *durch die heilende feinstoffliche Energie des ‚Großen Geistes‘*."**[73]

Die Quantenphysik oder die Quantenphilosophie ist für mich daher eine Bestätigung oder eine Wiederentdeckung des antiken vedischen Wissens. Der Arzt Larry Dossey beschreibt dies mit der Ansicht von Erwin Schrödinger: *„Schrödinger sah keinen Konflikt, sondern Harmonie zwischen seiner Interpretation der Quantenphysik und dem Vedanta."* Und Schrödingers Biograph Moore wird ergänzend dazu zitiert: *„... Dieses neue Weltbild war vollkommen vereinbar mit dem vedantischen Konzept des Alles in Einem."*[74] Wenn die Quantenphysik einen Einfluss vom Beobachter auf das Beobachtete feststellt[75], also vom Mensch auf die Materie, dann muss dieser Einfluss von energetischer Natur sein, und diese Energieform ist wahrscheinlich die, welche alle Lebewesen untereinander verbindet – der „Große Geist".

Wieso reden wir hier von „feinstofflicher" Energie? Renée Weber betrachtet dies bei Wissenschaftlern folgendermaßen: *„Ich glaube, der Wissenschaftler spürt auf einer intuitiven Ebene seines Bewusstseins, dass die Natur einfach, feinstofflich miteinander verbunden und eins ist."*[76] Der jüngeren Generation versuche ich es mittels eines Beispiels aus der elektronischen Datenübertra-

---

73 Die kursive Schreibweise stammt von mir – es ist kein Zitat.
74 Dossey, 2014, S. 49
75 Wenn wir etwas beobachten, dann lenken wir unsere Energie auf das Beobachtete, was die Beobachtung natürlich beeinflusst.
76 Weber, 2012, S. 30.

gung zu erklären. Vor wenigen Jahren funktionierte unser Haustelefon noch mit achtundvierzig Volt Gleichstrom. Diese Spannung transportierte die menschliche Stimme vom Apparat A zum Apparat B und versorgte dabei beide Telefonapparate mit der notwendigen Energie für ihr Funktionieren. Heute bekommen wir Telefon, Radio, Fernsehen und Internet über eine Leitung, die kaum mehr eine messbare Stromspannung aufweist. Die Leitung leitet die Informationen nur noch über ein sogenanntes „Signal", wie es mir die Elektriker bei der Installation der Leitung erklärten. Strom benötigt es dafür kaum noch. (Für die Apparate natürlich schon, doch diese werden dafür nun alle am zweihundertzwanzig Volt Netz angeschlossen.) Dieses Signal könnte man also mit der feinstofflichen Energie oder nach David Bohm mit einem Radioempfänger vergleichen: *„Eine Radiowelle wird von einer Radiostation ausgestrahlt, diese besitzt eine Form (z. B. Musik), und diese Form, die von einer sehr schwachen elektromagnetischen Welle getragen wird, wird von einer Antenne aufgefangen. Wenn die Musik aus dem Radio ertönt, kommt nahezu die gesamte Energie aus der Steckdose aus der Wand, aber die Form kommt von der sehr schwachen elektromagnetischen Welle, die durch die Antenne aufgefangen wurde. Durch diesen Prozess wird eine starke Energie (aus der Steckdose) mit Hilfe einer sehr schwachen (aufgefangen mit der Antenne) moduliert."*[77] David Bohm erklärt damit die Funktionsweise eines morphischen (oder morphologischen) Feldes – ich versuche damit die feinstoffliche Übertragung von heilender Information zu erklären.

Die kleinen Stromspannungen, welche in unserem Körper fließen, produzieren auch feine elektromagnetische Felder (beide sind messbar), doch dafür können sie jede einzelne unserer Körperzellen durchdringen. Unser autonom-funktionierendes Herz oder die wichtigsten Körperdrüsen produzieren durch ihre Arbeit auch

---

77 Weber, 2012, S. 142.

solchen „feinen" Strom, und es ist bestimmt kein Zufall, dass die Lage unserer Energiezentren – auch Chakras genannt – genau mit der Lage von Drüsen oder Herz übereinstimmen. Hier treffen also Mystik und Wissenschaft aufeinander. Renée Weber beschreibt dieses Treffen in „Alles Leben ist Eins" auf eine sehr eindrückliche Weise: „*Wenn ich nicht eine Verbindung zwischen Wissenschaft und Mystik sehen würde, gäbe es für dieses Buch keine Notwendigkeit. Die Verbindung, die ich sehe, ist die Folgende: Ein paralleles Prinzip leitet sowohl Wissenschaft als auch Mystik – nämlich die Annahme, dass die Einheit im Herzen unserer Welt liegt, wo sie von den Menschen entdeckt und erfahren werden kann.*"[78]

Quantenphysik trifft Mystik

Die Quantenphysik, welche die feinstofflichen Energien wissenschaftlich beschreibt, geht sogar so weit, dass sie unsere Realität infrage stellt. Eine Biene „sieht" eine Blume wahrscheinlich nicht so, wie wir sie sehen. Bereits eine Katze, die nicht alle Farben sieht, wird eine rote Rose anders sehen als wir; und der für uns angenehme Duft einer Rose bedeutet für eine Katze wahrscheinlich nicht viel, doch für eine Biene stellt der Duft eine große Menge an nützlichen Informationen dar. Die Quantenphysik geht davon aus, dass wir unsere Umwelt so wahrnehmen, wie unsere fünf Sinne es uns erlauben. Was wir sehen, hören, riechen, schmecken oder ertasten stellt in unserem Bewusstsein unsere Welt dar. Für ein anderes Lebewesen „sieht" die Welt völlig anders aus; und die Quantenphysik, als Wissenschaft der subatomaren Systeme, geht sogar so weit zu zeigen, dass wir selbst „unsere" Realität durch Beobachtung erschaffen.

Ulrich Warnke erklärt dies so: „*Quantenphänomene sind undefiniert bis zu dem Moment, wo sie irgendwie ‚gemessen', also*

---

78 Weber, 2012, S. 29.

,beobachtet' werden. *Messen und Beobachten bedeutet immer, dass ein Energie- und Informationsaustausch stattfindet.*" Mein Gefühl sagt mir, dass es bei der Geistheilung auch so verläuft: Heilung ist Energie- und Informationsaustausch. Warnke erklärt uns Laien diese komplexe Ansicht in (relativ) einfacher Weise: *„Was macht eine Quantenentität, bevor sie beobachtet und damit real geworden ist? Die ,unbeobachtete' Entität existiert in einer kohärenten Überlagerung aller möglichen Zustände, die durch Wellenfunktionen erlaubt werden. (Erwin Schrödinger, 1926) Aber in dem Augenblick, in dem eine Messung, analog eine Beobachtung, durchgeführt wird, kollabiert die Wellenfunktion mit vielen Zustandswahrscheinlichkeiten, und das System ist gezwungen, einen einzigen Zustand anzunehmen. Das System ist in die Realität geschaltet worden.*"[79] Mit dieser Ansicht ist Warnke bei weitem nicht alleine, wie uns einige seiner Zitate zeigen:

„Bewusstsein erzeugt Realität."
Eugen Wigner, Physik-Nobelpreis 1963

„Realität wird durch Beobachtung geschaffen."
Niels Bohr, Physik-Nobelpreis 1922

„Die Lehre der Quantenphysik ist, dass Materie eine konkrete, gut abgegrenzte Existenz allein in Verbindung mit dem Geist erlangen kann."
Paul Davies, Physiker

„Die Trennung der beiden – Materie und Geist – ist eine Abstraktion. Die Grundlage ist stets eine Einheit."
David Bohm[80]

---

79 Warnke, 2012, S. 137.
80 Warnke, 2012, S. 136.

Bohm geht sogar noch weiter: „*Das Elektron beobachtet die Umgebung, so weit es auf eine Bedeutung in seiner Umgebung reagiert. Es handelt genauso wie Menschen.*"[81]

Quantenphysiker

Quantenphysiker sind sich bewusst, dass die *schwachen Energien*, wie die des Geistes, einen größeren Einfluss auf die Materie (lebend oder nicht) haben als die *starken Energien*. „*Materie bildet daher nur ein winziges Tröpfchen jenes Ozeans an Energie, in welchem sie relativ stabil und manifestiert ist*", schreibt David Bohm[82], und meint damit in seiner Philosophie der *impliziten Ordnung*, dass das Vakuum (die Leere des Universums) den größten Teil der Energie beinhaltet. Stephen Hawking denkt ähnlich: „*... wir können vielleicht davon ausgehen, die Energie im Universum sei konstant, denn wenn man Materie erzeugt, benötigt man Energie. Daher ist die Energie des Universums in gewissem Sinne konstant; sie ist eine Konstante, deren Wert null beträgt. Die positive Energie der Materie wird exakt durch die negative Energie der Gravitationsfelder ausgewogen.*"[83] Leitet die Leere deswegen die feinstoffliche Energie unendlich schnell weiter?

Rupert Sheldrake, der die Wissenschaft mit seiner Theorie der morphogenetischen (oder morphischen) Feldern erschüttert, beschäftigt sich mehr mit der Form, welche eine bestimmte Materie annimmt. Er nimmt als Beispiel ein Embryo, welches sich aus einer Gruppe identischer Zellen formt, und fragt sich, warum diese sich zu einer bestimmten Form differenzieren. Gibt es einen externen Einfluss? „*Die Theorie der morphogenetischen Felder besagt nun, dass es ein Feld oder eine Raumstruktur gibt, die*

---

81 Weber, 2012, S. 101.
82 Weber, 2012, S. 48 und 77. (Das Vakuum beinhaltet den größten Teil der Energie, nicht die Materie.)
83 Weber, 2012, S. 286.

für die Formentwicklung verantwortlich ist. [...] Das Feld besitzt aber nicht nur räumliche, sondern auch zeitliche Eigenschaften."[84] Bohm erklärt die Theorie seines „Kollegen" mit dem Beispiel eines Samens: *„Die Energie und die Nahrung stammen von der Sonne, der Luft, der Erde, dem Wasser und dem Wind; der Same selbst besitzt nur sehr wenig Energie. Aber auf irgendeine Weise enthält der Same die Form der Pflanze, und diese winzige Energie oder Form prägt sich allen anderen Faktoren ein und bestimmt so die Pflanze.*"[85]

Die Quantenphysiker sind also überzeugt, dass wir mit unserem Geist in Form von feinstofflicher Energie unsere materielle Realität erschaffen – und beides ist unzertrennbar. Damit trifft die Wissenschaft auf altes mystisches Wissen, welches den feinstofflichen Einfluss unserer Gedanken auf die Materie predigte. Ob wir nun energetisch durch unser Bewusstsein, Unterbewusstsein oder Überbewusstsein mit der Materie interagieren: Wir beeinflussen letztere auch mit heilenden Gedanken. Unser Überbewusstsein lässt die informationsgeladene Energie des „Großen Geistes" fließen, und wir starten den Prozess durch unser bewusstes gedankliches Wollen. Auf der feinstofflichen Ebene können wir auch die „Materie" von Tier und Mensch beeinflussen oder sogar mit deren Geist in Resonanz treten. Doch wie funktioniert der Geist der Tiere? Und haben Tiere ein eigenes Karma?

Karma – Das Überbewusstsein der Tiere

Ob Tiere ein eigenes Karma haben, das ist ein seit langer Zeit umstrittenes Thema. Buddhismus und Hinduismus sind die beiden Religionen, die einem Tier eine Seele zugestehen. Viele Menschen – zumindest in den nördlichen Ländern – teilen heute

---

84 Weber, 2012, S. 109.
85 Weber, 2012, S. 142.

die östliche Ansicht zu diesem Thema. Bereits im ersten Weltkrieg sahen angeblich viele Kavalleristen nach einer Schlacht ihr Pferd über die große Regenbogenbrücke schreiten. Wer eine enge Verbindung mit einem (oder mehreren) Tier(en) hat, kann sich nicht vorstellen, dass diese feinfühligen und treuen Wesen keine Seele haben. *„Haben Tiere eine Seele und Gefühle, kann nur fragen, wer über keine der beiden Eigenschaften verfügt"*, meint der deutsche Theologe, Psychoanalytiker und Schriftsteller Eugen Drewermann (*1940).[86] Die Anthroposophie von Rudolf Steiner (1861–1925) hat um 1900 ebenfalls den (geistigen) Boden dafür fruchtbar gemacht, und das Internet hat in den letzten Jahren sehr viele geistig aufgeschlossene und gleichdenkende Menschen zusammengebracht. Keine Kirche und keine Regierung besitzt heute noch ein derartiges Informationsmonopol, dass sie damit Menschen ein Dogma – also eine unreflektierte Meinung – aufzwingen kann.

Anthroposophie – Der fruchtbare Boden

„Rudolf Steiner verstand unter Anthroposophie einerseits eine umfassende („kosmologische") Anschauung des Menschen und der Welt, die er als Lehre vertrat und verbreitete, andererseits einen Erkenntnisweg als eine wissenschaftliche Methode zur Erforschung des Übersinnlichen („Geistigen"). Die Bezeichnung „Anthroposophie" wählte er im Kontrast zum Begriff der „Anthropologie". Letztere behandele dasjenige, was für den Menschen durch seine Sinne und den sich an die Sinnesbeobachtung haltenden Verstand über die Welt erfahrbar sei; erstere dagegen beinhalte das „Wissen des Geistesmenschen" und erstrecke sich auf alles, was dieser in der „geistigen Welt", d. h. im Übersinnlichen, wahr

---

86 Precht, 2016, S. 110.

nehmen könne."[87] Steiner strebte die Wahrnehmung der geistigen Welt an, doch lehnte er seine Theorien auch stark an die Theosophie von Helena Petrovna Blavatsky (1831 – 1891) sowie an das Rosenkreuzertum[88] vom „legendären" Christian Rosencreutz (1378–1484) an. Die Zeit von Steiner war geprägt von wissenschaftlichen-, religiösen- und Geheimgesellschaften, und dieser „Mode" konnte auch er sich nicht entziehen.

Die Anthroposophie beschäftigte sich tiefgründig mit „Geisteswissenschaften" und Evolution, was ihr auch einige Gegner bescherte (wegen Rassentheorien) und besonders in den Jahren um den zweiten Weltkrieg (nach Steiners Tod) ziemlich riskant war, da esoterisches Gedankengut damals wenig gefragt war. 1935 wurde die Anthroposophische Gesellschaft in Deutschland verboten, denn *„die … Neuinterpretation der Evolution führte … zu Kontroversen um mögliche sozialdarwinistische und rassistische Aspekte".*[89] Jedoch: *„Die geistigen und institutionellen Impulse, die von der Anthroposophie und der zugehörigen Bewegung ausgingen, wirken bis in die Gegenwart auf unterschiedliche Lebensbereiche und haben weltweit Verbreitung und Beachtung gefunden."*[90]

„Mit Goethe stellte Rudolf Steiner fest, dass der Mensch in einer dreifachen Art mit der Welt verwoben ist. – Die erste Art ist etwas, was er vorfindet, was er als eine gegebene Tatsache hinnimmt. Durch die zweite Art macht er die Welt zu seiner eigenen Angelegenheit, zu etwas, was eine Bedeutung für ihn hat. Die dritte Art betrachtet er als ein Ziel, zu dem er unaufhörlich hinstreben soll." … *„Diese drei Arten des Verhältnisses des Menschen zur Welt nannte Steiner nun ‚Leib', ‚Seele' und ‚Geist'."*[91] Erstmals wurde

---

87 https://de.wikipedia.org/wiki/Anthroposophie
88 https://de.wikipedia.org/wiki/Rosenkreuzer#Rudolf_Steiner_und_das_anthroposophische_Rosenkreuzertum
89 https://de.wikipedia.org/wiki/Anthroposophie
90 Ebd.
91 https://de.wikipedia.org/wiki/Anthroposophie

Alles ist eins

in der westlichen Welt (wieder) der Gedanke von Körper, Geist und Seele aufgegriffen und verbreitet. Steiner ging sogar noch einen Schritt weiter: *„Einen Ätherleib habe jedes Lebewesen. Ein Astralleib, manchmal bei Steiner auch einfach „Seele" genannt, sei dagegen nur bei „beseelten" Wesen vorhanden: bei Tieren und Menschen."*[92] Er zählte die Tiere also zu den „beseelten Wesen", obwohl sich um die vorletzte Jahrhundertwende das Geistige eigentlich ausschließlich auf den Menschen konzentrierte.

Seelenwesen

Seit dem Beginn des 20. Jahrhunderts wurden also im wissenschaftlich orientierten Europa die Tiere teilweise wieder als Seelenwesen betrachtet, wenngleich dies sehr kontroverse Diskussionen auslöste. Von den Naturvölkern bis ins alte Ägypten wurden die Tiere noch vergöttlicht. Viele Gottheiten waren Tiere – oder später Menschen mit den entsprechenden Tierköpfen. Mit der Geburt des Judentums sowie anschließend des Christentums und des Islams (sowie auch bei den Römern) verschwanden die Tiere wieder aus den religiösen Betrachtungen und wurden als Sklaven oder „Freiwild" (bei der Jagd) betrachtet. Wenn wir seit dem Aufkommen der Anthroposophie am Anfang des 20. Jahrhunderts Tiere also „wissenschaftlich" wieder als „beseelte Wesen" betrachten dürfen, dann kommen wir nicht um die Frage herum, ob Tiere auch ein Karma haben. Das Karma ist eng verbunden mit der Unsterblichkeit der Seele und dem Kreislauf der Wiedergeburten (*Samsara*), da Karma-Auflösung nicht in einem einzigen Leben möglich ist. Jede frei entscheidbare Handlung auf der Erde hat demnach eine Auswirkung auf die Seele – positiv („gutes Karma") oder negativ („schlechtes Karma"). Die Seele hat auf Erden ein gewisses Ziel (*Dharma*) zu erfüllen. Der Mensch

---

92 Ebd.

ist dabei frei und selbst für sein Karma verantwortlich. Sind alle Ziele, über alle Leben hinweg erreicht, so wird die Person „befreit"[93] oder erleuchtet und kann den Kreislauf der Wiedergeburten durchbrechen. Ihr jetziges Leben bestimmt demnach das nächste – ohne göttliche Be- oder Verurteilung.

Im buddhistischen Glauben ist die Reinkarnation eines Menschen auch als Tier möglich, was bedeuten würde, dass Mensch und Tier ein ähnliches Karma haben. Die Erfüllung des Dharma wird als Folge von Taten (Gedanken und Handlungen) betrachtet, doch die Frage, ob Tiere bewusst gute oder schlechte Taten – besonders gedanklich – vollbringen können, ist damit nicht gelöst, das Tierkarma somit noch immer unbestimmt. In Indien ist die Idee der Reinkarnation des Menschen als Tier auch gängig, doch die Tierseele wird als niedriger eingestuft. Hindus meinen: *„Um aus dem Kreis der ewigen Wiedergeburt zu entfliehen, muss die Seele aber in einem menschlichen Körper sein."*[94] Das Tier – obwohl in Indien oftmals verehrt – muss also, um Befreiung zu erlangen, als Mensch leben. Tiere müssen meines Erachtens jedoch nicht wissen, ob sie gutes Karma erschaffen. Sie tun es einfach. Tiere vernichten bereits mit der Annahme eines schlechten Karmas einen Teil davon. Indem sie dem Menschen „dienen", erzeugen sie bereits wieder gutes Karma.

In der christlichen Welt werden Tiere und Menschen noch sehr unterschiedlich und Tiere sogar als „Sachen" betrachtet. Daher treffen wir heute vermehrt außer-kirchlich auf den Glauben, dass Tiere erst nach vielen Wiedergeburten auch als Mensch geboren werden können. Dieser Gedanke lehnt sich an den Hinduismus an. Einige Autoren sind zum Beispiel auch überzeugt davon, dass Insekten nicht nur eine Schwarmintelligenz besitzen, sondern auch eine „Schwarmseele", in der jedes Wesen einen Puzz-

---

93 „Moksha" im Hinduismus.
94 http://www.rajasthan-indien-reise.de/hinduismus/weidergeburt/karma-moksha.
html

lestein darstellt. Das Ziel der Insekten wäre demnach, nach einer Reihe von Wiedergeburten (zu neuen Schwärmen zusammengefügt), ein größeres Tier zu werden, das eine eigene Seele besitzt. Diese durchaus plausible Betrachtung steckt allerdings, meiner Ansicht nach, noch in den geistigen Kinderschuhen. Auch woher diese Großtierseele kommen soll, wird häufig nicht erklärt. Doch wenn Insekten Schwarmseelen haben, dann könnten wir sie als ganzen Schwarm behandeln, wie die Kühe, die zwar eigene Seelen haben, doch zusätzlich eine Art „Herden-Seele" oder „Kollektivseele" aufweisen, also etwas wie ein Vorstadium zum „Großen Geist".

Der Mensch als Tier?

In der judeo-christlichen Welt hängt der Zugang zum „Himmel" weniger vom Erreichen bestimmter Ziele nach Wiedergeburten als von der individuellen Ethik (Nächstenliebe, Armut, usw.) des irdischen Lebens ab. *„So glauben christlich-abendländische Gesellschaften gern an eine ständige Verbesserung durch Anstrengung"*, schreibt Richard David Precht. *„Eine Tugend, die nach calvinistischer Tradition im Himmel wie auf Erden materiell entlohnt wird. Wie naheliegend also, auch in der Natur die Entstehung ‚höherer' Lebensformen durch Fortschritt erkennen zu wollen mit dem Endziel Mensch."*[95] Die Darwinisten können demnach ihre christlichen Wurzeln nicht verleugnen. Das Ziel des Lebens betrachtet Precht übrigens von zwei unterschiedlichen Seiten her; von der Endseite (theologische Betrachtung mit dem Endziel Mensch) und von der Frontseite (darwinistische Betrachtung mit dem adaptiv-evolutiven Ziel zur besseren Überlebenschance). Dabei weist er interessanterweise darauf hin, dass die Evolutionsbiologen bei der Betrachtung der Evolution der Tiere die

---

95   Precht, 2016, S. 36

Der Tierheiler

Grenzen des eigenen „Erkenntnisapparates" sowie „die Evolution aller menschlichen Erkenntnis" berücksichtigen müssen. Die
Krux der wissenschaftlichen Beobachtungen des Menschen (als
Tier) oder des Tieres selbst ist, dass der menschliche Geist dabei
„Maßstab und Gemessener" ist. Wenn der Beobachter zum beobachteten System gehört, dann ist ein Problem in der Auswer-
tung bereits vorprogrammiert. Wenn der Mensch das Tier nach
seinen eigenen Maßstäben beurteilt, dann müssen diese Maßstä-
be falsch liegen. Wie würden uns Tiere wie Delfine, Wale, Men-
schenaffen, Adler oder sogar Bienen wohl beurteilen?

Darwinistische Wissenschaft

Einen anderen, nicht zu vernachlässigenden Aspekt zeigt Precht
in seinem Buch „Tiere denken". Viele darwinistische Wissenschaftler mussten in ihren Betrachtungen, dass der Mensch ein
Tier ist, eine künstliche Kluft zwischen Mensch und Tier aufweisen, da die christlichen Kirchen eine Gleichstellung als Sünde betrachteten und daher die Autoren bestraften. Doch Precht zeigt,
dass auch überzeugte Darwinisten wie der südafrikanische Palä-
ontologe Robert Broom (1866 – 1951) meinten, *„dass der Mensch
einfach kein Zufall sein könne. Vieles an der Evolution sehe so aus,
als wäre sie darauf hin geplant gewesen, zum Menschen zu führen
sowie zu anderen Tieren und Pflanzen, welche die Erde für ihn zu
einem geeigneten Wohnort machen."*[96] Warum der vorbestimmte
intelligente Mensch seinen so geeigneten Wohnort derart massiv
und rasch zerstört, wird allerdings nicht erklärt. Auch Richard
David Precht hat seine Zweifel, wenn er die Intelligenz von Tier
und Mensch auf einer umweltverträglichen Basis vergleicht. Er
schreibt zum göttlich vorbestimmten Menschen treffend: *„Bedenkt man die fortgeschrittene Zerstörung des Planeten durch*

---

96 Precht, 2016, S. 54.

Homo sapiens *zum gegenwärtigen Zeitpunkt, ist es schon etwas befremdlich, das Ziel des mutmaßlichen Schöpfergottes in der Zerstörung seines Werkes zu sehen.*"[97] Danke, Herr Precht!

Der Ur-Tierschützer

Franz von Assisi, Gründer des Franziskaner-Ordens und Ur-Tierschützer[98], sagte angeblich vor über achthundert Jahren: *„Alle Geschöpfe der Erde fühlen wie wir, alle Geschöpfe streben nach Glück wie wir. Alle Geschöpfe der Erde lieben, leiden und sterben wie wir, also sind sie uns gleichgestellte Werke des allmächtigen Schöpfers – unsere Brüder."*[99] Er predigte übrigens auch zu den Tieren, beginnend mit der berühmten „Vogelpredigt".[100] Obwohl Tiere (und Frauen) von der Katholischen Kirche als untergeordnete Wesen dargestellt werden und der Mann als „Krone der Schöpfung" betrachtet wird, so wurde der große Tierliebhaber Franz von Assisi kurz nach seinem Tod doch heiliggesprochen und gilt immer noch als Patron der Tierärzte, des Umweltschutzes und der Ökologie. Ob Menschen als große Tiere wiedergeboren werden können oder nur Tiere in einer fernen Reinkarnation zum Mensch werden, sei dahingestellt. Fundamental ist für mich, dass Tiere – unsere Brüder – eine Seele wie wir Menschen haben, und da das Karma an die Seele gebunden ist und nicht an den vergänglichen Körper, sehe ich keinen Grund, warum Tiere kein Karma haben sollten.

---

97 Precht, 2016, S. 55
98 Franz von Assisi (1181 – 1226) Gründer des Franziskaner-Ordens, gilt als erster Tierschützer weltweit, Patron des Umweltschutzes und der Ökologie, Patron der Tierärzte. San Francisco wurde nach ihm benannt und der aktuelle Papst nennt sich ebenfalls nach ihm Franziskus.
99 http://www.geo.de/geolino/mensch/2903-rtkl-weltveraenderer-franz-von-assisi
100 https://de.wikipedia.org/wiki/Vogelpredigt

Wissen um das „Ich!

Die seit langem anhaltende Diskussion zu diesem Thema basiert auf der philosophischen Fragestellung, ob Tiere sich selbst als Individuum wahrnehmen können. Bei Kleinkindern dauert es ein Weilchen, bis sie ihr Spiegelbild als „sich selbst" erkennen. Mit der Sprache dauert es auch eine Weile, bis sie „Ich" anstatt ihrer Vornamen sagen können. Bei Katzen, Hunden und Pferden kann ich aus eigenen Beobachtungen nur sagen: „Es braucht nicht mehr Zeit als bei Kindern!" Vielleicht kommen manche Laborversuche nicht zu diesem Resultat, doch dann würde ich den Wissenschaftlern empfehlen, die Tiere in ihrer alltäglichen Umgebung zu beobachten. Sie werden staunen, wie gut Tiere sich selbst als „ICH" erkennen können. Auch Worte können Tiere verstehen und interpretieren. Der bekannte Hund Chaser versteht 1200 Worte![101] Victoria Ratcliffe und David Reby von der University of Sussex in Falmer bestätigten dies in unterschiedlichen Experimenten mit jeweils fünfundzwanzig Hunden.[102] Haustiere können nebst Wörtern wie „Essen" oder „Schlafen" auch ganze Sätze verstehen. Wahrscheinlich auf einer emotionalen Basis, welche den Tonfall und die Mimik beinhaltet. Haustiere können daher auch sehr schnell ihren eigenen Namen verstehen und wissen dann, dass sie gemeint sind. Wenn man seine Tiere lobt, kann man ihren Namen eigentlich gar nicht oft genug benutzen. Die Tiere verstehen durch unseren Tonfall (und das dazugehörende Streicheln), dass wir sie loben, und wenn sie dabei noch öfters ihren eigenen Namen hören, dann merken sie schnell, dass das Lob ihnen gilt. Beim allfälligen Tadeln können

---

101 http://www.houndsandpeople.com/de/magazin/wissen/auch-hunde-konnen-vokabeln-lernen/ und http://www.borderlou.de/der-hund-der-1000-worter-kennt/

102 https://www.welt.de/wissenschaft/article134759030/Achtung-Ihr-Hund-versteht-Sie-besser-als-gedacht.html und http://www.spiegel.de/wissenschaft/natur/hunde-verstehen-teile-von-sprache-des-menschen-emotion-und-bedeutung-a-1005195.html

wir die Tiernamen natürlich auch benutzen, doch sicher nicht so oft.

Tier-Karma

Wenn Tiere einen Teil des Wiedergeburtenzyklus des Menschen darstellen – wie es Buddhismus und Hinduismus lehren – dann sind entweder Tiere menschliche Seelen in einem Tierkörper (wegen des schlechten Karmas im vorherigen Leben) oder Menschen sind Tierseelen in einem Menschenkörper (wegen des guten Karmas der letzten Leben). Seelen von Tieren oder Menschen sind demnach in der Wiedergeburt in ihrer Essenz nicht wirklich zu unterscheiden. Seelen von Menschen sind diesem Glauben nach einfach geistig oder spirituell weiter entwickelt oder näher an der „Erleuchtung" (Nirvana). Spirituell betrachtet, würde ich ketzerisch gerne behaupten, dass eine Seele eben eine Seele ist, ob Mensch oder Tier. Vielleicht können wir einen Unterschied hinsichtlich des bereits zurückgelegten Weges der Reinkarnationen machen, doch ansonsten sehe ich keinen wesenhaften Unterschied.

Ich bin überzeugt, dass Tiere, die emotionaler leben als wir, über den „Großen Geist" den besseren Blick auf den Sinn des Lebens haben als wir Menschen und wahrscheinlich sogar ihren Lebensplan kennen – auch wenn es sich dabei „nur" um die Unterstützung eines Menschen handelt. Warum würden sonst zum Beispiel Delfine so viele Schiffbrüchige retten? Vielleicht wollen sie einfach Menschen werden. Wir Menschen wollen immer alles verkomplizieren, damit es wissenschaftlich und intellektuell aussieht. Tiere lieben die effiziente Einfachheit, da sie damit am besten leben – und überleben – können. Sie leben, ohne sich solche typisch menschlichen-religiösen-philosophischen Fragen zu stellen. Sie sind, wie sie sind, und so leben sie auch. Tierbehandlungen sind daher für mich auch einfacher als Menschenbehandlungen: Sie wirken oder sie wirken nicht – ohne Diskussion über mögliche Ursachen, Glaubensfragen oder Teilerfolge.

Zum Schicksal finde ich oft zwei unterschiedliche Definitionen: Einmal wird das Schicksal definiert als das, was im „großen Buch" steht und bereits vor unserer Geburt (von unserem Geist?) bestimmt wurde, und ein anderes Mal als die Vorbestimmung, welche während unseres Lebens ausgeformt wird. David Eagleman definiert diese Vorbestimmung wie folgt: *„Es ist kein Schicksal in dem Sinne, dass es von Ihrer Geburt an vorbestimmt ist. Die Umwelt formt das Gehirn immer neu. Es kann Sie [Frederik Jötten, d. Verf..] in Ihrer Entscheidung beeinflussen, was Ihnen am Tag vorher ein Freund erzählt hat oder ob dunkle Wolken eine Assoziation hervorrufen. Niemand wird je vorhersagen können, was Sie morgen machen, weil das, was Sie morgen tun, von all dem abhängt, was bis dahin passiert. Jede Konversation, alles, was Sie sehen, lesen, spüren, kann Ihren Weg verändern."*[103] Ich bin überzeugt, dass der Teil unseres Schicksals, welcher während unseres Lebens bestimmt wird, auf unserer Lebenserfahrung basiert und daher von unserem lebensschützenden Unterbewusstsein generiert wird. Daher nenne ich selbst diesen Teil nicht Schicksal, sondern unbewusstes Schutzverhalten.

Menschen mitbehandeln?

Wenn ich das Tier eines Menschen behandele und die gegenseitige Verbundenheit beobachte, stelle ich mir oft die Frage, ob ich den Mensch gleich mit behandeln soll. Der gegenseitige Einfluss ist größer, als wir üblicherweise glauben. Dazu als Beispiel folgende Geschichte: Zwei Reiter treffen sich in der Reithalle. Der erste meint: „Mein Pferd ist furchtbar geladen (aufgeregt, unruhig) und ist schwer unter Kontrolle zu halten." Da meint

---

103 Eaglemann, 2017, S. 31.

der zweite: „Bei mir ist es gerade umgekehrt. Mein Pferd ist so ruhig, dass es mühsam ist, ihn in Bewegung zu bringen." Beide wünschten sich, dass ihr Pferd sich so verhalten würde, wie das des anderen. Da haben sie eine Idee: Sie könnten doch für eine Stunde die Pferde tauschen. Gesagt – getan. Doch was passiert dann? Richtig: Kaum sitzt der erste Reiter auf dem Pferd des anderen, lädt sich dieses auf und muss beruhigt werden, und umgekehrt wirkt beim zweiten Reiter das Pferd plötzlich wie eine Schlaftablette. Diese Geschichte wird ihnen wahrscheinlich jeder erfahrene Reiter bestätigen können. Das (momentane) Temperament eines Reiters überträgt sich auf sein Pferd – ihre Energien sind also eng verbunden – und der Reiter ist der Ursprung des Verhaltens des Pferdes. Der gängige Ausdruck, dass sich ein Pferd „auflädt" oder „geladen ist", zeugt davon, wie energetisch Menschen ihre Pferde betrachten. Wen soll man also hier behandeln?

Wir nehmen also an, dass Tiere höchstwahrscheinlich ein Karma haben und ihr Lebensziel eine Spiegelung „ihres" Menschen sein kann. Wenn (Haus-)Tiere bei Menschen leben, um diese zu unterstützen, dann stellt sich irgendwann die Frage: Wen sollen wir behandeln? Das Tier oder den Menschen? Oder beide? Sehr oft merke ich bei Tieren, dass die „Störung", die ich behandeln soll, eigentlich vom Menschen ausgeht. Manchmal ist es der Besitzer, manchmal jedoch auch der Vorbesitzer. Geht es um letzteren, kann ich eigentlich nur das Tier selbst behandeln und diesem erklären, dass es sich nun in einer neuen – besseren – Situation befindet und daher die Vergangenheit loslassen kann. Vertrauen zum neuen Besitzer ist gefragt. Ist der Besitzer selbst der Grund der Störung, dann müsste ich eigentlich den Menschen zuerst behandeln, um zu vermeiden, dass sich die unbefriedigende Situation wieder aufbaut. Oftmals konnte ich jedoch dieses Problem durch ein respektvolles und offenes Gespräch mit dem Besitzer lösen.

Mein Glück dabei ist, dass Menschen, welche mich rufen, meistens sehr sozialkompetent und offen für Änderungen ihrerseits sind. Sie wollen das Beste für ihr Tier und bewirken oft völlig ungewollt und unbewusst eine (leichte) Verhaltensstörung beim Tier. Das Gespräch empfinden sie nicht als Kritik, sondern als Verbesserungsvorschlag. Ich treffe auch auf Menschen, die mich nach der Behandlung ihres Tieres darum bitten, sie selbst zu behandeln, um sicher zu sein, dass der Grund des Unwohlseins des Tieres ganz erfasst werden kann. So viel Sozialkompetenz und Tierliebe empfinde ich demütig als bewundernswert. Menschen, die sich für energetische Behandlungen entscheiden, sind eben sehr offen für Neues, auch wenn es vielleicht noch etwas ungewöhnlich für sie ist.

Wenn Tiere ihre Menschen widerspiegeln, um diese auf eine Krankheit hinzuweisen, dann weiß ich, dass nur eine Behandlung des Menschen ein positives Resultat bringen wird. Doch als erster Schritt rede ich dann auch mit den Menschen und empfehle ihnen, einen Arzt aufzusuchen. Hier betrachte ich ein energetisches Eingreifen meinerseits als rein unterstützend. Ich kann bis zur ärztlichen Untersuchung und Behandlung zwar Schmerzen lindern oder sonst helfen, doch in den meisten Fällen ist zuerst eine solide medizinische Diagnose und Behandlung unumgänglich. Ich selbst kann und will keinen Arzt oder Tierarzt ersetzen und betrachte diese auch nicht als Konkurrenten, sondern als die Therapeuten der ersten Wahl, was wir trotz aller Offenheit für neue (oder sehr alte) therapeutische Wege nicht übersehen sollten. Ob diese Krankheit dann zum Karma des Menschen gehört oder nicht, das sehen wir erst dann, wenn wir merken, ob sie behandelbar ist.

Ist es möglich, dass Tiere Tiere widerspiegeln? Ich glaubte nicht, dass es so etwas gibt, bis ich es selbst erfuhr. Zwei Pferde (Hengste und Boxen-Nachbarn) zeigten bei einer Untersuchung die genau gleichen Symptome. Bei einem Pferd erwartete ich mögliche leichte Schmerzen bei einem Rückenwirbel, denn diesen Wirbel hatte ich bereits vorher schon einmal behandelt. Sein großer Freund – und Seelenverwandter, wie sich dann herausstellte – hatte zuvor keine Rückenbeschwerden und zeigte plötzlich ein identisches Bild am gleichen Rückenwirbel. Der Rückenwirbel hatte sich ganz leicht verschoben. Beim ersten Pferd ging während der Behandlung der Wirbel wieder in seine ursprüngliche Position zurück, beim zweiten Pferd nicht. Die leichten Schmerzen verschwanden bei beiden. Ich fand dann heraus, dass das zweite Pferd seine Besitzerin auf das Leiden seines Freundes aufmerksam machen wollte. Sein Wirbel renkte sich von selbst wieder ein, nachdem dies bei seinem besten Freund passiert war. Darüber staune ich noch heute!

Und wenn Menschen Menschen widerspiegeln? Jetzt übertreibt er es aber, werden Sie sagen, und doch habe ich eine ähnliche Situation erlebt. Eigentlich ist es keine wahre Spiegelung, sondern eine Hilfe des „Großen Geistes". Ich kenne und behandele zwei Frauen – nennen wir sie einfach diskret und respektvoll Anne (A) und Bea (B) – welche zwar ein paar hundert Kilometer auseinander wohnen, doch die gleichen Krankheitssymptome aufweisen. Anfänglich dachte ich: „Was für ein Zufall!" Doch da ich nicht mehr an Zufälle glaube, überlegte ich, warum dies ausgerechnet bei mir passierte. Ich fand dann (durch einen weiteren „Zufall") heraus, dass die homöopathische Kräutermischung, welche Anne so gut half, auch Bea helfen konnte. Jeder Fortschritt der einen half auch der anderen und umgekehrt. Es war also keine Spiegelung, sondern eine Information des „Großen Geistes" an mich, damit ich durch das Vergleichen der zwei komplizierten Fälle etwas lernen konnte, um beiden zu helfen. Es gibt wirklich keine Zufälle, doch muss man sehr aufmerksam auf die Zeichen achten, die uns gegeben werden. (Falls man damit Mühe hat – und ich hatte anfänglich wirklich große – dann kann man auch darum bitten, dass diese

„Zeichen" so deutlich werden, bis man sie bemerkt. Aus Erfahrung kann ich heute sagen: Das klappt!)

Das Erstaunliche bei Behandlungen, welche sich zwischendurch aufdrängen, ist, dass sie mir sehr oft einen Hinweis für eine andere, länger anhaltende Behandlung geben. Alles hängt also irgendwo und irgendwie zusammen – alles ist Eins. Energetisch ist die ganze Welt verbunden, doch für uns selbst ist unsere Welt wirklich eng vernetzt. Der Ort, wo wir leben, unsere Familie, unsere Kinder, unsere Freunde und Arbeitskollegen, unsere Arbeitsplätze über die Jahre, unsere Erlebnisse – die schönen und die unschönen – und natürlich unsere Tiere: All dies ist kein Zufall, sondern hängt irgendwie zusammen, auch wenn wir nicht gleich begreifen „wie und warum". Unser ganzes Leben und unsere gesamte Umwelt gehören zusammen, da wir sie in der Vergangenheit gedanklich so geformt haben. Unsere Zukunft wird sich auch so gestalten, da wir sie bereits jetzt mit unseren aktuellen Gedanken (Energien) in Auftrag geben. Schon Buddha sagte: *„Du bist, was Du denkst."*[104] Er lebte im „Hier und Jetzt", doch in unserer heutigen zeitorientierten Gesellschaft könnten wir sagen: „Du bist, was Du dachtest, und Du wirst, was Du denkst." Was wollen wir also morgen sein?

---

104 Quelle unbekannt.

5

Eine neue Zeit bricht an?

Eine kollektive Sehnsucht nach Authentizität

Die Menschheit hat ihren Planeten fast völlig zerstört und die Tier- und Pflanzenwelt beinahe ausgerottet, doch Tiere (und Pflanzen?) haben in all diesen Jahren ihre Werte nicht verraten, sondern versucht, die Menschen darauf aufmerksam zu machen. Der Mensch schaute und hörte nicht auf sie, sondern isolierte sich zunehmend in einer geistlosen Welt. Doch etwas Neues fängt an sich zu manifestieren: Filme wie „Avatar", „Der Herr der Ringe" oder „Harry Potter" brechen alle Zuschauerrekorde. Im Fernsehen gibt es immer mehr Filme mit mittelalterlichen Schwertkämpfen anstatt High-Tech Kriegen. Bei einer Umfrage gaben 70.000 Australier als Religion „Jedi" an.[105] Wir erleben eine kollektive Sehnsucht nach Authentizität. Trotz aller Annehmlichkeiten der modernen Technik suchen die Menschen wieder wahre Werte, innere Ruhe, Zufriedenheit und natürliche Gesundheit. Sollten wir uns zurzeit tatsächlich im Übergang in ein „Goldenes Zeitalter" befinden (2012 − 2032)[106], dann wäre es wohl an der Zeit, von Grund auf unsere Ansichten zu ändern und endlich umzudenken. Es geht nicht nur darum, dass unsere politischen Strukturen nicht mehr zur aktuellen Gesellschaft

---

105 http://www.spiegel.de/panorama/volkszaehlung-70-000-australier-wollen-jedi-ritter-sein-a-211147.html
106 Cooper, 2011.

passen oder die globale Ökonomie nur noch internationale Konzerne fördert: Es geht um die friedliche und spirituelle Co-Existenz von Milliarden von Lebewesen.

Wir sollten trotz moderner Technologien das Ursprüngliche, das Feinstoffliche und das Göttliche wiederentdecken. Bede Griffiths (1906 – 1993) beantwortete die Frage von Renée Weber, warum bei uns nicht wie in Indien alles heilig ist, sehr treffend folgendermaßen: *„Von frühester Zeit an lebten Männer und Frauen überall auf der Erde in diesem geheiligten Universum, ob es nun die australischen Aborigines, die amerikanischen Indianer oder die afrikanischen Stämme waren; sie alle nahmen ein lebendiges Universum wahr, von dem die Menschen ein Teil sind. Und diese göttliche Kraft, welcher Name auch immer ihr gegeben wurde, durchdringt die Erde, das Wasser, die Luft und ebenso ihr eigenes Wesen. Sie gehören zu diesem Universum. Aber im 16. Jahrhundert begann die Zerstörung dieses geheiligten Universums, und entsprechende Gedanken daran wurden als Aberglaube betrachtet. Es war eine wohlüberlegte Tat, vom Heiligen wegzukommen und alles zu rationalisieren. Erst jetzt, in den letzten fünfzig Jahren, entdecken wir das Gefühl für das Heilige von Neuem.“*[107] Wissen sollte eben mit Glauben co-existieren. Miteinander anstatt gegeneinander. Doch gibt es glaubwürdige Anzeichen dafür, dass ein großer Wandel bevorsteht?

Kondratjeff-Zyklen

Bereits 1926 beschrieb der russische Wirtschaftswissenschaftler Nikolai Dmitrijewitsch Kondratjew[108] (1892 – 1938) seine berühmten Kondratjew-Zyklen.[109] Er entdeckte, dass, wenn man sogenannte Mega-Trends in der Menschheit beobachtet, sich Zy-

---

107 Weber, 2012, S. 221.
108 Auch oft Kondratiew oder Kondratieff geschrieben.
109 Haas, 2014, S. 256.

klen von etwa vierzig bis sechzig Jahren herauskristallisieren, in denen die Menschheit ein übergeordnetes globales Ziel verfolgt. In den letzten zweihundert Jahren gab es fünf solcher Zyklen, und wir tauchen gerade in den sechsten Zyklus ein:

Erster Zyklus	1780 – 1840:	Dampfmaschine, Textilindustrie
Zweiter Zyklus	1840 – 1890:	Eisenbahn, Massentransport
Dritter Zyklus	1890 – 1940:	Elektrizität, Chemie, Massenproduktion
Vierter Zyklus	1940 – 1980:	Automobil, individuelle Mobilität
Fünfter Zyklus	1980 – 2014?:	Informationstechnik, Kommunikation
Sechster Zyklus	2014? – ????:	Gesundheit, Wellness/Wellbeing

Kondratjew selbst machte seine Voraussagen nur bis ca. 1980/1990, dies allerdings bereits 1926, in seiner Theorie der langen Wellen. Der sechste Zyklus wird zurzeit von einigen Wissenschaftlern diskutiert. Jeder dieser Zyklen zeigt Wellen mit Aufschwung- und Abschwung-Phasen. Im Moment befinden wir uns in einer Depression zwischen zwei Phasen. Jede neue Phase bringt das, was der vorhergegangenen Phase fehlte, und jede neue Welle stellt sich durch einen Paradigmenwechsel ein. Dieser findet im Moment bereits statt und wird in einigen Jahren zu einer neuen Welle führen. (Statt 2014 würde ich heute eher auf 2020 tippen.) Selbst die Wirtschaftswissenschaft ist überzeugt, dass wir gerade eine sehr große Veränderung erleben, mit all ihrer Unruhe und Unzufriedenheit.

Großer sozio-kultureller und religiöser Wandel

Es gibt bereits viele Veränderungen, doch oftmals nehmen wir sie nur am Rande wahr, um sie dann wieder in der Informationsflut des 21. Jahrhunderts untergehen zu lassen. Wer erinnert sich noch daran, dass die Astronomen (nicht die Astrologen!) Ende 2013 von einem Polaritätswechsel auf der Sonne berichteten? Alle elf Jahre wechseln angeblich die Plus- und Minuspole (Nord- und Südpol) der Sonne die Seite. Wer ist sich bewusst, dass bei uns auf der Erde zurzeit auch so ein Wechsel stattfindet? Der magnetische Nordpol verschiebt sich, nach fast vierhundert Jahren Stabilität, mit derzeit rund vierzig Kilometern (!) pro Jahr, und zugleich nimmt die Stärke unseres Erdmagnetfeldes ab. In absehbarer Zeit gibt es wahrscheinlich einen neuen (magnetischen) Nord- und Südpol auf der Erde. Dies wird eine gewaltige energetische Veränderung mit sich bringen, deren Konsequenzen wir noch nicht abschätzen können. Doch es ist nicht das erste Mal, dass so ein Phänomen stattfindet. Auf der Sonne übrigens auch nicht. Wir sollten die Erdgeschichte mit diesen schwerwiegenden Ereignissen vergleichen und würden dadurch bestimmt herausfinden, dass es eine Übereinstimmung des Wechsels des Magnetfeldes und der großen geschichtlichen Veränderungen gibt. Alte Kulturen, welche früher die Erde bevölkerten, haben bestimmt solche Phänomene bereits beobachten können und vielleicht auch zum Teil beschrieben. Ob astrologische Berechnungen, religiöse Interpretationen oder sonstige Beobachtungen: Wir könnten sehr viel von ihnen lernen.

In meinem ersten Buch „Sind wir fit für die Welt von Morgen?" schrieb ich: *„Welche Quelle wir auch betrachten: Es kommt eine große, grundlegende Änderung auf die Menschheit zu. Die Astrologen melden uns, dass wir das männliche Zeitalter des Fisches verlassen und in das weibliche Zeitalter des Wassermannes eintreten. Andere zeigen uns, dass der Anthropozän – das Zeitalter der*

Menschheit – bald enden wird. Manche erwarten eine neue Weltordnung, und für viele esoterisch fühlende Menschen kommt die „große Endschlacht" auf uns zu, damit danach das Zeitalter des Lichtes beginnen kann. Wenn wir den Maya-Kalender betrachten, welcher keinen Weltuntergang für den 21. Dezember 2012 voraussagte, sondern den Übergang eines langen Zyklus von 12 000 Jahren in einen neuen, dann stehen wir auch hier am Anfang eines neues Zeitalters, denn bei den Mayas und anderen alten Kulturen gab es lange und kurze Zyklen, bei welchen das Ende des einen auch immer den Anfang des nächsten Zyklus bedeutete. Demnach erwartet uns also ein großer Neubeginn und kein definitives Ende. Das Frauen-Zeitalter beginnt nach dem über viertausend Jahre alten chinesischen Mondkalender im Jahr 2008 unserer Zeitrechnung und leitet das Ende des Patriarchats ein. Das Yang weicht also dem Yin. Nach Jahrhunderten von Unwissenheit, Arroganz, Egoismus, Dominanz und Zerstörung sollte also nun eine Zeit von Intuition, Warmherzigkeit, Liebe und schöpferischer Kraft auf uns zukommen."[110]*

Darauf freue ich mich zwar sehr, möchte aber nicht einfach dasitzen und darauf warten, sondern aktiv an diesem Paradigmenwechsel teilhaben. Wenn ich Tieren und Menschen – in dieser Reihenfolge – Hilfe und Unterstützung bieten kann, dann habe ich schon etwas dazu beigetragen. Der Paradigmenwechsel kommt nicht alleine auf uns zu; es ist ein fundamentaler Wertewandel, den wir alle zusammen in die Wege leiten. Jeder Gedanke und jede Handlung in diese Richtung bewirkt diesen Wandel. Wir SIND der Paradigmenwechsel, und wir öffnen damit das Tor zum „Goldenen Zeitalter". Intuition, Warmherzigkeit, Liebe und schöpferische Kraft sind Attribute, welche wir auch bei den Tieren finden. Hätten Tiere damit eine Chance, in einem neuen Zeitalter in Harmonie mit dem Menschen zu leben?

---

110 Haas, 2014, S. 255.

Beten – Ein medizinisches Pflichtfach?

Madeleine Walker, die bekannte englische Tierflüsterin und Heilerin, gibt ganz offen zu: *„Ich weiß nie im Voraus, wie gut meine intuitiven Heilbehandlungen funktionieren werden. Ich bete einfach, dass sie helfen."*[111] Gebete für die Gesundheit eines Menschen oder eines Haustieres wurden von Medizinern oft belächelt. Keiner von ihnen hätte es je gewagt davon abzuraten, doch ihr müdes Lächeln zeigte deutlich, was sie davon hielten. Warum sollte eine klassische (westliche) medizinische Behandlung nicht durch ein Gebet unterstützt werden? Und warum nicht durch eine Geistheilung? Larry Dossey beschreibt passend dazu die Forschungsarbeiten von Dr. Jeanne Achterberg (1942 – 2012), welche bei elf Patienten die moderne Medizin mit der Aktivität von je einem Heiler verband: *„Bei den Forschungsarbeiten wurden die Probanden vom Heiler oder der Heilerin isoliert und einer funktionellen Magnetresonanztomographie (fMRT) unterzogen. Die Heiler sandten in willkürlichen Abständen jeweils zwei Minuten lang DI* [Distant Intentionality, Fernheilungsabsichten] *an die Probanden, diese konnten also nicht vorhersehen, wann DI ausgesandt werden würde. Bei zehn von elf Probanden zeigten sich signifikante Unterschiede zwischen Experimentalbedingungen (Senden) und Kontrollbedingungen (Nicht senden)."*[112] Was die Heiler beim „Senden" machten, wurde folgendermaßen beschrieben: *„Die Heiler beschrieben ihre Heilmethoden unterschiedlich – als Gebet, als Aussenden von Energie oder guten Absichten, oder sie gaben schlicht an, an die Person zu denken und ihr das Allerbeste zu wünschen."* Diese Studie, wie viele ähnliche Studien, wurde von den großen (medizinischen) Zeitschriften leider völlig ignoriert.

---

111 Walker, 2016, S. 117.
112 Dossey, 2014, S. 230.

Einige Heiler beschrieben ihre Heilmethode demnach als Gebet. Kann das wirklich unsinnig sein, wenn zehn von elf Probanden einen signifikanten[113] Unterschied zeigten? Der amerikanische Neurochirurg Eben Alexander (*1954) schrieb in seinem Buch „Blick in die Ewigkeit"[114], dass das Gebet noch immer die stärkste Medizin sei. Er muss es wissen, denn während seiner Nahtoderfahrung hatte er die Gebete seiner Kirchgemeinde mitbekommen. Doch was halten Ärzte oder Tierärzte von Gebeten? Vor zwanzig Jahren hätte ich mit Sicherheit behauptet: „Nicht viel!" Doch heute staune ich immer mehr über einen großen geistigen Wandel.

Der Wandel in der Medizin

Im schon zitierten Buch von Larry Dossey fand ich erstaunliche Angaben von Robert S. Bobrow (*1944) zu einer Umfrage, die bei Psychiatrie-Professoren, Ärzten im Praktikum, anderen Mitgliedern sowie unter den Dekanen der medizinischen Fakultäten bereits 1980 durchgeführt wurde: *„Unsere Ergebnisse deuten darauf hin, dass Dekane medizinischer Fakultäten und andere Lehrende in der Psychiatrie zu einem hohen Prozentsatz davon überzeugt sind, dass viele parapsychologische Phänomene Realität sein könnten, dass die meisten oder alle Menschen über mediale Kräfte verfügen, dass nicht-medizinische Faktoren im Heilungsprozess eine wichtige Rolle spielen und vor allem, dass die Beschäftigung mit parapsychologischen Phänomenen in die psychiatrische Ausbildung aufgenommen werden sollte ..."*[115] Dann erwähnt Dossey noch eine Befragung aus dem Jahr 2004 bei elfhundert amerika-

---

113 Medizinische Ergebnisse gelten als zuverlässig, wenn die Wahrscheinlichkeit (p), dass sie auf Zufall beruhen könnten, kleiner als 0,01 ist. In der Achterberg Studie war p = 0,000127 !
114 Alexander, 2016.
115 Dossey, 2014, S. 206

nischen Ärzten: „*Neunundfünfzig Prozent der Ärzte gaben an, sie beteten für ihre Patienten als Einzelne, und einundfünfzig Prozent sagten, sie beteten für sie insgesamt.*" Ich muss zugeben, dass ich darüber sehr erstaunt, aber auch sehr erfreut bin. Werden wir bald Beten als Pflichtfach der westlichen Medizin erleben?

Für mich ist ein Gebet das bewusste Aussenden einer Bitte (also einer Absicht) in Form von feinstofflicher Energie, gerichtet an Gott oder an den „Großen Geist", für das Eintreten eines Aktes (wie zum Beispiel eine Heilung) bei einem Menschen, einem Tier oder auch größeren Gruppen von Lebewesen. Beten wir nicht für uns selbst, sondern für jemand anderes, wird die Wirkung wahrscheinlich verstärkt, und wir betrachten eine mögliche Heilung als eine Art 'Wunder'. In Dosseys Buch belegt Bobrow, dass auch viele Ärzte an Wunder glauben. Geistheilung und Medizin haben dennoch eines gemeinsam: Beide können keine hundertprozentigen Erfolge aufweisen. Der Glaube und das Karma des Patienten haben einen nicht zu vernachlässigenden Einfluss auf die Heilung. Von einem Heiler oder einem Arzt wird daher viel Einfühlungsvermögen oder viel Empathie verlangt, um das Bestmögliche aus einer Situation zu machen.

Ich selbst beobachte seit längerer Zeit, dass erstaunlich viele westliche Ärzte sich für alternative Heilmethoden interessieren und diese zum Teil auch erlernen, doch sehr wenige dies (bereits) öffentlich kundtun. Es herrscht noch eine gewisse Scham oder die Angst, von den Berufskollegen belächelt oder gar isoliert zu werden. Dabei könnte eine Kombination beider „Heilkulturen" zu einer sprunghaften Verbesserung der Heilung vieler Patienten führen. Wir alle lernen doch voneinander: Von Ärzten, von Heilern oder Schamanen, von Patienten und sogar von Tieren und Pflanzen. Der jahrzehntelange Widerstand der allopathischen Medizin gegenüber anderen Heilungsformen erstaunt mich immer wieder, da heilende Quellen mit Heilbäder und Trinkkuren, Fango und Kräuterkuren, Sauna oder Dampfbäder und ähnliches schon eine lange gesundheitsfördernde Tradition darstellen, besonders in Europa. Wie lange wird es noch dauern, bis die Medizin eine ganzheitliche (holistische) Betrachtung in Erwägung zieht? Ich hoffe, nur noch wenige Jahre, nämlich so lange bis die letzten medizinischen Dinosaurier (Habilitation in der Nachkriegszeit) definitiv pensioniert sind und ihre Nachfolger ihrer eigenen Überzeugung gemäß handeln dürfen. Das „Dürfen" hat bei letzteren noch immer eine größere Hemmwirkung als das „Wollen". Der Arzt Eben Alexander meint dazu: „'Ich war blind, und jetzt kann ich sehen', *bekam eine ganz neue Bedeutung, denn ich verstand auf einmal, wie blind wir auf der Erde für die umfassende Natur des spirituellen Universums sind. Das gilt besonders für Menschen, wie ich einer gewesen war, die glauben, dass die Materie die eigentliche Wirklichkeit ist und alles andere – Denken, Bewusstsein, Ideen, Emotionen, Geist – einfach nur Produkte davon sind.*"[116]

Physiologie oder Lebenshauch

Historisch gesehen, gibt es einen tiefen Riss zwischen den Überzeugungen der „klassischen" allopathischen Medizin und den sogenannten alternativen Heilweisen. Erstere sei wissenschaftlich, letztere gehörten zum Glauben oder Aberglauben. Hier befinden wir uns wieder auf dem alten Schlachtfeld zwischen Wissenschaft und Religion. Viele Leute vergessen, dass früher die Medizin – und sogar die Finanzen – als Kunst betrachtet wurden und nicht als Wissenschaft. Die Finanzwelt hat hart dafür gearbeitet, um als Wissenschaft angesehen zu werden, doch wissenschaftliche Experimente sollten gemäß Definition reproduzierbar sein, was die Finanzwelt eigentlich nur bei den bekannten Finanzkrisen behaupten kann – von der Berechenbarkeit der Börsen ganz zu schweigen. Die westliche Medizin – für mich

---

116 Alexander, 2016, S. 212.

eigentlich noch immer eine Kunst – hat in den letzten hundert Jahren enorme Fortschritte gemacht – und darüber sollten wir uns freuen. Doch mit den Behauptungen, dass nur alles 'wissenschaftlich' Erwiesene glaubwürdig und reproduzierbar sei, wurde leider jahrtausendaltes Wissen begraben. Wir vergessen, aus welchem „Sternenstaub" wir entstanden sind, und wir übersehen den göttlichen Lebenshauch[117], der hinter jedem Leben steht. Im Lateinischen hat das Wort *anima* die Doppelbedeutung von „Seele" und „Atem". Der erste Atemzug ist ein Einatmen und der letzte ein Ausatmen. Doch was atmen wir mit dem letzten Seufzer aus? Für Ausatmen sagt man im Französischen „expirer", was auch „verfallen" oder „sterben" bedeutet. (Einatmen – „inspirer" bedeutet dagegen auch „Inspirieren").

Was ist also Leben? Wann lebt ein Neugeborenes. Wenn es auf die Welt kommt oder bereits im Mutterleib? Leben kann nicht nur als die Summe aller physiologischen Prozesse betrachtet werden. Leben ist mehr als das. Wikipedia schreibt dazu: *„Was Leben bzw. ein Lebewesen ist, wird – in der modernen Biologie wie schon bei Aristoteles – nicht über einzelne Eigenschaften, einen bestimmten Zustand oder eine spezifische Stofflichkeit definiert, sondern über eine Menge von Aktivitäten, die zusammengenommen für Leben bzw. Lebewesen charakteristisch und spezifisch sind."* Und weiter: *„Als minimale Eigenschaft aller lebenden Systeme gilt jedoch die Autopoiesis: Die Fähigkeit, sich selbst zu erhalten und zu reproduzieren."* Doch gibt es auch ehrliche „Beichten": *„Der heutige Wissensstand in den Naturwissenschaften reicht nicht aus, um zu erklären, wie das Leben entstand."*[118] Selbst der hochentwickelte Mensch (Homo Sapiens) hat Mühe, den Begriff „Leben" zu definieren. Wie soll er dann sinnvoll beschreiben können, was der Geist (Spiritus) oder die Seele ist?

---

117 Lebenshauch: Prana (Leben, Lebenskraft, Lebensenergie) in der indischen Philosophie.
118 Quelle: https://de.wikipedia.org/wiki/Leben

Wie Larry Dossey belegt, behaupten die Neurologen, dass der menschliche Geist seinen Sitz im Gehirn habe, ohne dies beweisen zu können. Wenn es nur lange genug behauptet wird, dann gilt es plötzlich als wissenschaftlich erwiesen. Genauso wie die Nahrungsmittelindustrie (ein für mich total absurdes Wort) seit Jahrzehnten von pflanzlichen Fetten spricht, obwohl es diese gar nicht gibt. Es gibt nur pflanzliche Öle, welche durch Hydrogenation zu Fetten verarbeitet werden! Sind Wissenschaft und Spiritualität demnach unvereinbar? Ulrich Warnke zitiert Albert Einstein: *„Jeder, der sich ernsthaft mit der Wissenschaft beschäftigt, gelangt zu der Überzeugung, dass sich in den Gesetzmäßigkeiten der Welt ein dem menschlichen ungeheuer überlegener Geist manifestiert, dem gegenüber wir mit unseren bescheidenen Kräften demütig zurückstehen müssen."*[119] Die Wissenschaft ist derart auf Daten, Laborwerte und -Bedingungen fokussiert, dass sie dabei jegliche Gefühle und Empfindungen übersieht, die doch jedes Leben prägend lenken. In der Welt der Gefühle gibt es keine mathematisch exakten Spielregeln, wie die Wissenschaft es gerne hätte. Energetische Behandlungen sind eine Gefühlssache und können nicht objektiv (neutral) durch eine wissenschaftliche Methodik, durch minutiöse Beobachtungen oder durch Messungen und Daten beschrieben werden. Energetische Behandlungen sind subjektiv gefühlte und ausgetauschte Emotionen.

Wissenschaft im Wandel

Die Wissenschaft entstand aus einer gesellschaftlichen Notwendigkeit. Sie wollte mit Seriosität so manchen unsinnigen Aberglauben in die Schranken weisen. In einer Zeit, als die Katholische Kirche Galileo Galilei (1564 – 1641/42) verurteilte, seine

---

119 Warnke, 2012, S. 12.

Theorie – dass die Erde rund sei und sich um die Sonne drehe – zu widerrufen, kann man verstehen, dass sich Wissenschaft und Kirche bekriegten. Die Kirche widerrief die Verurteilung von Galileo erst im Jahre 1992!. Zudem verwandte sie viel Mühe darauf, heidnisches Wissen zu zerstören und mit christlichen Werten zu überdecken.

In der Medizin wurde das Wissen über Heilpflanzen erweitert und die Substanzen in gewünschte und unerwünschte Wirkungsträger aufgeteilt. Mit dem Fortschritt der Chemie gelang es den Menschen, einzelne Wirksubstanzen zu isolieren und als Medikament in der optimalen Dosierungsmenge herzustellen. Ein Apotheker erstellte diese Medikamente früher noch selbst. Mit der drastischen Zunahme der Bevölkerung wurde diese „Handarbeit" leider unmöglich, und Unternehmen entwickelten neue Verfahren, um standardisierte Pillen und Salben für eine große Menschenmenge herstellen zu können. Die pharmazeutische Industrie war geboren. Mit der Zeit konnte sie die gewünschten Moleküle künstlich herstellen, was wir heute zwar kritisieren, doch dabei vergessen, dass dies unsere Natur gerettet hat. Hätte die Industrie sich in der Natur einfach bedient, fänden wir heute wahrscheinlich keine Kräuter mehr in Wald und Wiesen. Leider bringt das ständige Streben nach immer mehr Gewinn das Ganze irgendwann zum Kippen: Es werden Tierversuche durchgeführt, die Chemie erfindet neue – nicht natürliche – Moleküle und benötigt dafür Substanzen aus den tiefen Eingeweiden der Erde, welche sie dadurch zerstört. Jede gute Idee erreicht irgendwann ihren Nutzen-Zenit, um dann als Verursacherin eines neuen Problems wieder zu verschwinden.

Grenzen der Chemie

Offensichtlich haben wir im 21. Jahrhundert die Grenzen der chemisch-pharmazeutischen Produkte erreicht und können bei einer Weltbevölkerung von knapp acht Milliarden Menschen auch nicht mehr „zurück zur Natur". Jetzt sind neue Wege gefragt, um die Gesundheit der Weltbevölkerung in den Griff zu bekommen. Die pharmazeutische Industrie erkundet bereits die letzten natürlichen Lebensräume, um neue Substanzen zu entdecken. (Die Parfümindustrie übrigens auch.) Sie vergessen dabei nur, dass die Heiler von Naturvölkern, zum Beispiel im Amazonas-Gebiet, viele heilende Pflanzen kennen, diese jedoch nicht als einfache Substanzproduzenten betrachten, sondern dabei auch die Energie der Pflanze in den Heilungsprozess mit einbeziehen. Diese „Medizinmänner" sind nicht nur Kräuterspezialisten, sondern meistens auch Schamanen. Sie arbeiten daher mit dem Geist der Pflanze – und dem des zu behandelnden Menschen. Heilpflanzen können nicht einfach maschinell in Substanzen zerlegt werden, um eine Wirkung zu erzeugen: Auch ihre Energie – ihre Lebenskraft – kann die Gesundheit des Menschen fördern, wenn sie nicht zerstört wird.

Viele Menschen der „zivilisierten Welt" sehnen sich heute nach einfachen, natürlichen und umweltfreundlichen Heilungswegen. Warum also nicht das so lange wissenschaftlich negierte *alte Wissen* wiederentdecken und sorgfältig nutzen? Wenn die Wissenschaft zum Beispiel homöopathische Mittel anders testen würde (subtil und langsam wirkend) als die chemischen Substanzen (stark und schnell wirkend), dann könnten enorme Synergien entstehen, welche letztlich den Patienten zugute kämen. Wenn die Physik von Newton zu den Quanten wandert, dann kann die Gesundheit auch von chemisch zu holistisch reisen, also zu einer ganzheitlichen Sichtweise. Ob allopathische Medizin, Phytotherapie, Kräuterheilkunde, Homöopathie, TCM[120], Akupunktur, Shiatsu, Geistheilung, Reiki, HTA/HT oder viele andere: Als Ganzes betrachtet, bietet sich uns eine riesige Aus-

---

120 TCM: Traditionelle Chinesische Medizin.

wahl an Therapiemöglichkeiten, wobei sich sicher immer einige als ideale Lösung für ein bestimmtes Leiden darstellen.

Natursubstanzen

Ätherische Öle sind ein gutes Beispiel. Es sind meistens reine und hochkonzentrierte pflanzliche Öle, welche durch Wasserdampfdestillation oder kaltgepresst aus bestimmten Pflanzen gewonnen werden. Eine Therapie mit diesen Ölen wird als Aromatherapie oder neuerdings als „Duftmedizin" bezeichnet. Die meisten Hersteller bauen die dafür notwendigen Pflanzen auf ihren eigenen Feldern an und verhindern somit einen Raubbau der Natur.

Für die Anwendung bei Tieren[121] kommt es darauf an, ob diese Pflanzenfresser oder Fleischfresser sind, wenn man sie an einem Öl riechen lässt (Inhalation) oder es bei den Ballen an den Beinen einreibt. Beim Riechen zeigt ein Tier sofort, ob ihm der Geruch zusagt oder ob es eher abweisend reagiert. Die Auswahl des Öles ist somit schnell bestimmt. Beim Einreiben ist es sicherer bei Pflanzenfressern als bei Fleischfressern, da deren Körper auf den Abbau pflanzlicher Teile besser eingestellt sind. (Allesfresser stehen in der Regel zwischen den beiden.) Bei Katzen (reine Fleischfresser) können gewisse Öle sogar gefährlich sein, da diese Tiere gewisse pflanzliche Substanzen schlecht eliminieren können. Bei sehr kleinen Tieren (Kanarienvögeln, Mäusen oder Meerschweinchen) müssen ätherische Öle sogar verdünnt werden, um ihnen nicht zu schaden. Vor dem Einreiben sollte man das zu behandelnde Tier auf jeden Fall an dem für ihn bestimmten Öl riechen lassen: Reagiert das Tier abweisend, so sollte man auf ein Einreiben damit verzichten. Dieses „alte Wissen" verlangt also von den Anwendern eine fundierte biologische Ausbildung,

---

121 Vgl.: Maria Schasteen – Duftmedizin für Tiere, Amerang 2017.

um unerwünschte Wirkungen zu vermeiden. Bei Heilkräutern gilt dies zwar auch, doch sind diese nicht so sehr konzentriert und daher weniger schädlich, falls sie einmal etwas unkorrekt angewendet werden sollten.

Ob Chemie oder pflanzliche Öle: Beide verlangen ein besonderes Wissen, eine solide Ausbildung sowie eine gewisse Vorsicht. Da ich keine Medikamente verordne, bin ich ebenfalls sehr zurückhaltend mit der Anwendung ätherischer Öle und konzentriere mich vorrangig auf die energetischen Behandlungen, wo ich den Energiefluss spüren kann und die Wirkungsabsicht selbst bestimme. Ich möchte durch dieses Beispiel nur aufzeigen, dass es auch in der Geistheilung viele zusätzliche Bereiche gibt (Farbtherapie, Klangtherapie, Aromatherapie und andere), die eine Heilung unterstützen können. Jede Behandlungsweise weist Vor- und Nachteile auf, die man sorgfältig abwägen sollte. Auch sollte man sich fragen, ob die Selbstheilungskraft eines Menschen oder eines Tieres wirklich noch eine weitere Unterstützung benötigt. Bei Substanzen gilt nämlich immer noch die alte Volksweisheit: „Was drin ist – ist drin!"

Endlich zusammen wirken

In meinen Augen sind fast alle Heilungsmöglichkeiten komplementär: Sie ergänzen sich und können sich unter Umständen sogar gegenseitig unterstützen (Wirkung verstärken). Doch kann keine eine andere ersetzen. In den USA wird zum Beispiel „Healing Touch"® (für Menschen) in vielen Kliniken durch Pflegefachkräfte angewendet, um die Heilungschancen nach einem medizinischen Eingriff zu verbessern. Von solch einer Zusammenarbeit sind wir in West-Europa noch meilenweit entfernt. Ich kann keinen Arzt oder Tierarzt ersetzen, und sie können wahrscheinlich auch mich nicht ersetzen, doch zusammen könnten wir viel mehr erreichen, als uns bisher bekannt ist. Wenn ich Tiere oder Menschen treffe, deren Gesundheitszustand kritisch ist, frage ich immer, ob schon ein Arzt oder Tierarzt herangezogen wurde. Ich finde es wichtig, dass wir unseren Horizont erweitern und nicht in Schubladen denken. Die „klassische" Medizin ist wegen ihrer großen Fortschritte in sehr viel mehr Fächer aufgeteilt als früher und daher nun wahrscheinlich etwas über-spezialisiert. Sie fokussiert sich immer mehr auf die Behandlung von Symptomen, welche durch standardisierte Untersuchungen diagnostiziert werden. Diese Standards sind es auch, die heute einige Elektronik-Spezialisten dazu bewegen, Ärzte bei einfachen Diagnosen und Behandlungen durch sogenannte „Apps" auf mobilen Geräten ersetzen zu wollen, um dadurch die Gesundheitskosten senken zu können. Dies würde natürlich zu einer standardisierten Massen-Medizin führen und jene Patienten mit einer seltenen Krankheit durch die Raster fallen lassen. Dieser „Billig-Wahn", der zurzeit unsere Gesellschaft beherrscht, wird wahrscheinlich zu einem unweigerlichen Qualitätsverlust in unserem Gesundheitssystem führen.

In der fernöstlichen oder asiatischen Medizin liegt der Fokus auf der Harmonie von Körper, Seele und Geist, und jedes Ungleichgewicht darin wird als mögliche Ursache einer Krankheit betrachtet. Die Krankheitssymptome werden nur als Hinweise wahrgenommen, um die tieferliegende Ursache eines Leidens finden zu können. Das Einbeziehen der Seele in die Behandlung stellt eine psychische Motivation des Patienten dar und fördert somit die körpereigenen Selbstheilungskräfte. Oftmals kann zum Beispiel eine Umstellung der Ernährung schon reichen, um ein Leiden zu heilen: Es bedarf also nicht immer eines medizinischen Eingriffes. Die westliche Medizin hat vor nicht allzu langer Zeit, akzeptiert, dass mehr physische Leiden einen psychischen Ursprung haben als umgekehrt.

Der Wandel für die Tiere sind wir!

Führende Wissenschaftler und Quantenphysiker, bekannte Ärzte und Geistliche sind mittlerweile davon überzeugt, dass nicht alles mit Naturgesetzen oder durch die Physik erklärbar ist und es kein Universum ohne einen göttlichen Funken geben kann. Das Leben auf unserem Planeten entstand mit großer Wahrscheinlichkeit nach einem präzisen Plan, und alles im Universum, und natürlich auch auf unserem Planeten, ist miteinander verbunden. Ein „Großer Geist" beinhaltet das gesamte universelle Wissen. Unsere Realität gehört nur uns, da jeder von uns seine eigene Realität durch sein eigenes Bewusstsein erschafft. Es ist also durchaus möglich und bestimmt erstrebenswert, dass ein Paradigmenwechsel stattfindet und wir langsam in ein Neues Zeitalter eintreten, wenn diese Dinge immer mehr Menschen bewusst werden.

Doch was hat dieser Wandel mit der Tierheilung zu tun? Ich glaube, dass der Paradigmenwechsel den Nebel über vergessenes altes Wissen lichtet. Was bisher durch Religionen oder durch die Wissenschaft als unseriöser Aberglaube abgetan wurde, kommt langsam wieder an die Oberfläche und wird von immer mehr Menschen (wieder) entdeckt. Das Interesse für „Mystik" findet man nicht mehr nur hinter verschlossenen Türen, sondern ganz offen bei religiösen Führern, bei renommierten Wissenschaftlern sowie bei Ärzten und der allgemeinen Bevölkerung. Der Wandel findet in unseren Herzen statt, denn der Wandel sind wir selbst. Wenn wir diesen Aufbruch zu einem neuen Zeitalter verwirklichen, dann wird dieses Zeitalter bestimmt auch segensreich für die Tiere, denn diese sind auf unserem überbevölkerten Planeten leider von uns völlig abhängig. Sie wissen, wenn sie uns Liebe schenken, werden die Menschen irgendwann diese Liebe erwidern. Nicht alle Menschen quälen oder nutzen Tiere für ihren

Profit. Es gibt sehr viele Tierliebhaber – und es werden immer mehr. Auch dies ist ein Wandel.

Tierheilung ist wie Tierschutz, Umweltschutz oder Tiermedizin: Es ist ein Schritt in die Richtung unserer Liebsten, unserer Brüder und Schwestern. Ein neues Zeitalter verdient in meinen Augen nur diesen Namen, wenn Tiere, Pflanzen und die gesamte Natur von den Menschen geschützt werden und unsere Spiritualität auf sie ausgedehnt wird. Alles muss auch in unserer Welt wieder EINS werden. Es darf nicht nur den Menschen materiell besser gehen, sondern allen Lebewesen. Zurzeit ist nicht nur die Beziehung von Menschen zum Tier in vielen Regionen der Welt gestört, sondern auch die Beziehung vom Menschen zur Umwelt. Menschen können aber nur auf ihre Umwelt achten sowie Tiere und Pflanzen lieben und schützen, wenn sie sich selbst lieben. Diese Liebe ist allerdings am stärksten gestört, und nur das Wiederentdecken der bedingungslosen Liebe des Menschen zu sich selbst kann ein respektvolles und liebevolles „Goldenes Zeitalter" für alle Lebewesen hervorbringen.

Für mich bedeutet dies, dass wir Tiere nicht nur physisch heilen sollten, sondern ebenfalls spirituell, denn wenn wir den Tieren auf dieser Ebene begegnen und sie so behandeln, dann öffnen wir ein großes spirituelles Tor zwischen ihnen und uns, durch das sich unsere Seelen treffen können. Spirituelle Tierheilung bedeutet für mich auch eine Stärkung unserer Seelenverwandtschaft mit den Tieren und der gesamten Schöpfung. Die Heilung der Tiere ist für mich eine wichtige Voraussetzung auf dem Weg zum gemeinsamen Glück.

6

Schlusswort

Ob wir in ein neues Zeitalter eintreten oder nicht, hängt von uns selbst ab. Von uns allen. Es hängt davon ab, ob wir uns gegenüber dem Unerklärlichen weiterhin verschließen oder uns endlich öffnen. Wollen wir den göttlichen „Hauch des Lebens" in uns spüren und uns bewusst werden, dass alles verbunden, dass alles EINS ist? Elektronen eines Atoms oder Planeten im Universum – nichts kann separat oder isoliert betrachtet werden. Die feinstoffliche Energie verbindet und durchdringt alles, genauso wie die bedingungslose universelle Liebe Gottes. Unser Geist besteht aus Energie, unsere Gedanken bestehen aus Energie und als Seelen sind wir Lichtwesen, also ebenfalls energetisch leuchtende, unsterbliche Wesen. Heute stößt die Wissenschaft in „neue" Dimensionen vor und nähert sich dadurch wieder dem alten spirituellen Glauben. Selbst Genies wie Albert Einstein waren demütig genug, um an eine Art „göttlich geplante" Evolution unseres Planeten oder unseres Universums zu glauben.

Wir haben gesehen, dass die Quantenphysik (oder Quantenmechanik) unsere Welt im unendlich Kleinen oder Großen völlig anders darstellt als die Newtonsche Physik. Nichts ist so, wie es zu sein scheint. Die Realität wird relativiert. Eben Alexander beschreibt diese subatomare Phänomene sehr überzeugend: *„In den 1920er-Jahren machten der Physiker Werner Heisenberg (und* andere Begründer der Quantenmechanik) eine Entdeckung, die so seltsam ist, dass sich die Welt immer noch nicht so recht damit abgefunden hat. Bei der Beobachtung subatomarer Phänomene ist es unmöglich, den Beobachter (das heißt, den Wissenschaftler, der das Experiment macht) vollständig vom Beobachteten zu trennen. Im Alltag übersieht man diese Tatsache allerdings leicht. Wir sehen das Universum als einen Ort voller einzelner Objekte (Tische und Stühle, Menschen und Planeten), die gelegentlich miteinander interagieren, aber dennoch im Wesentlichen voneinander getrennt bleiben. Auf der subatomaren Ebene erweist sich die Vorstellung der Getrenntheit der Objekte jedoch als vollkommene Illusion. Auf der Ebene winzigster Teilchen ist jedes Objekt des physischen Universums eng mit jedem anderen Objekt verbunden. In Wirklichkeit gibt es überhaupt keine ‚Objekte‘ in der Welt, sondern nur energetische Schwingungen und Beziehungen.“[122]*

Alexander fährt fort: „Um das Universum wirklich auf einer tieferen Ebene erforschen zu können, müssen wir anerkennen, dass das Bewusstsein beim Ausmalen der Realität eine entscheidende Rolle spielt. Experimente auf dem Gebiet der Quantenmechanik schockierten deren geniale Väter, von denen sich viele (Werner Heisenberg, Wolfgang Pauli, Niels Bohr, Erwin Schrödinger, Sir James Jeans, um nur einige zu nennen) auf der Suche nach Antworten der mystischen Weltsicht zuwandten. Sie erkannten, dass es unmöglich ist, den Forscher von seinem Experiment zu trennen und die Realität ohne Bewusstsein zu erklären.“[123] Unser Bewusstsein beeinflusst Phänomene und Materie, welche nur Energie mit einer dichteren Schwingung darstellt. Unser Geist beeinflusst also auch die schwingende Materie von anderen Lebewesen, ob Pflanze, Tier oder Mensch. Es ist nichts anderes als dieser Einfluss, den wir hier geistige Heilung nennen. Ich kann dies bewir-

---

122 Alexander, 2016, S. 202.
123 Alexander, 2016, S. 208.

ken, weil ich mich für etwas öffnete, das bereits in mir existierte, was ich jedoch noch nicht entdeckt hatte.

Das Leben der Tiere und unser Leben sind auf allen Ebenen eng verflochten auf unserem blauen Planeten. Daher sollten wir endlich unsere Verantwortung wahrnehmen und für das Wohl der Tiere sorgen, denn obwohl sie nun, durch die Überbevölkerung, völlig abhängig von uns sind, so ist doch auch unser Wohlergehen von dem ihren abhängig. Die Bibel lehrte die Menschen, dass sie sich die Erde unterwerfen und über alle Tiere herrschen sollten. Doch wer herrscht, übernimmt auch die Verantwortung für die Beherrschten – was bei weitem nicht immer der Fall war. Doch selbst wenn wir nicht herrschen, was hält uns davon ab, eine gewisse Verantwortung für das Leben der Tiere zu übernehmen. Wenn jeder Mensch die Verantwortung für eine Gruppe von Tieren, oder für eine Gruppe von Lebewesen übernimmt, dann kann unsere Welt noch gerettet werden. Wenn ich einigen Tieren helfen kann, dann erfreut sich mein Herz an jedem einzelnen von ihnen. Was gibt es Schöneres, als anderen zu helfen, sich dabei wohlzufühlen und seine Beschäftigung nicht als Beruf anzusehen, sondern als Berufung.

Meine achtzehnstündige Schmerzfreiheit nach der „Healing Touch" Behandlung einer Nonne hat auch mir damals (als Ungläubigem) die Augen geöffnet. Das nötige Bewusstsein für Tierheilungen liegt nicht nur bei uns Menschen, sondern auch bei den Tieren. Tiere haben höchstwahrscheinlich ein Karma, und genetisch sind wir uns näher, als dies lange angenommen wurde. Tiere können sich mit gewissen Pflanzen selbst behandeln – wenn auch wahrscheinlich nicht völlig bewusst – und Tiere können Energien besser fühlen als viele Menschen. Für mich ist es daher eine logische Schlussfolgerung, dass man nicht nur Menschen energetisch behandeln kann, sondern auch Tiere.

Energetische Behandlungen sind eine Gefühlssache und können nicht objektiv durch wissenschaftliche Methodik, minutiöse Beobachtungen, Messungen und Daten beschrieben werden! Daten regieren angeblich die Welt, doch welche Welt? Gefühle sollten die Menschen leiten – bei den Tieren tun sie es ja bereits. In der Welt der Gefühle gibt es keine mathematisch exakten Spielregeln, wie es die Wissenschaft gerne hätte. Als „Tierheiler" muss ich auf meine Gefühle achten und ihnen auch folgen. Daher sind auch Tiere meine unersetzlichen Lehrmeister. Von diesen Lehrmeistern bekomme ich zudem noch viel Liebe geschenkt und vom „Großen Geist" viel Unterstützung.

Es ist eine wunderbare Erfahrung, geliebt und unterstützt zu werden und gleichzeitig Gutes tun zu können. Auch wenn der Erfolg nicht hundertprozentig ist – also ähnlich wie bei den Ärzten – so bedeutet doch jeder Erfolg eine große Freude für mich – auch ähnlich wie bei den Ärzten – und stärkt meine Seele. Ich glaubte nicht recht an Mystik oder energetische Phänomene, bis ich sie selbst erleben und sie anschließend sogar anwenden durfte. Um es nochmals mit den Worten von Eben Alexander auszudrücken: *'Ich war blind und jetzt kann ich sehen', bekam eine ganz neue Bedeutung, denn ich verstand auf einmal, wie blind wir auf der Erde für die umfassende Natur des spirituellen Universums sind. Das gilt besonders für Menschen, wie ich einer gewesen war, die glauben, dass die Materie die eigentliche Wirklichkeit ist und alles andere – Denken, Bewusstsein, Ideen, Emotionen, Geist – einfach nur Produkte davon sind.*"[124] Eben Alexander spricht mir aus dem Herzen!

Tiere muss man verstehen, man muss sich in sie hineinversetzen können, um sie artgerecht behandeln zu können – auch wenn es unsere geliebten Haustiere sind! Es ist ein großes Glück für mich, dass ich von Kindesbeinen an ein besonderes Verhältnis zu Tieren hatte. Das Gefühl, das mich mit ihnen verbindet, zeigt mir oft den Weg, und ich fühle, wo die Energie nicht im

---

124 Alexander, 2016, S. 212.

Fluss ist und wo ich sie wieder in Bewegung bringen muss. Die spirituellen Gedanken, die dieses Buch enthält, bieten daher eine wichtige Grundlage für mich. Meine Behandlungsabsicht, das anschließende Loslassen sowie das Zulassen der Heilung gehören genauso zu einer Behandlung wie das Vertrauen, der Respekt und das Bitten um geistige Unterstützung. Man behandelt eigentlich nie alleine, und die Heilkraft des Behandelten gehört genauso zur Heilung wie die Kraft des „Großen Geistes".

Mit Tieren kann man ähnlich kommunizieren wie mit Menschen: In ihrer Sprache, also auf der Gefühlsebene, mit Emotionen. Die menschliche Sprache ist nicht unbedingt notwendig dafür. Als Heiler muss man auch die Menschen der Tiere verstehen und gegebenenfalls mitbehandeln. Die verbale Kommunikation mit Menschen ist natürlich einfacher – da wir darin geübter sind – und hilft mir auch, schneller die richtige Richtung für eine Behandlung zu finden. Mensch und Tier sind heutzutage mehr verbunden als vor einigen hundert Jahren, und daher ist die Zusammenarbeit auch sehr wichtig. Die meisten Menschen, denen ich begegne, sind emotional und geistig sehr eng mit „ihren" Tieren verbunden. Diese Energie versuche ich daher auch zu nutzen, denn sie soll ja weiter bestehen, wenn ich nicht mehr anwesend bin. Wenn der Mensch sich von ganzem Herzen die Genesung seines Tieres wünscht, so ist dies bereits eine sehr starke energetische Behandlung mit ähnlicher Wirkung wie ein inniges Gebet. Ich kann dann nur noch diese Energie etwas verstärken oder feiner lenken.

Von außen betrachtet, ist Tierheilung sicher noch etwas Ungewohntes; doch immer mehr Menschen schauen über den Tellerrand der klassischen Schulmedizin und erkennen die Grenzen ihrer Möglichkeiten. Die Reaktion der Tiere auf eine Behandlung erstaunt viele Leute, wenn sie dies zum ersten Mal entdecken, doch es überzeugt sie auch im gleichen Maße. Die Menschen kennen ihre Tiere natürlich besser als ich (so soll es ja auch sein)

Der Tierheiler

und bemerken sehr schnell, wie das Tier sich entspannt, den Schmerz loslässt oder sich von seiner Angst befreit. Wichtig ist dabei, dass der Erfolg einer Behandlung auch bestehen bleibt. Baut sich zum Beispiel ein Schmerz wieder auf, dann muss die physische Ursache medizinisch beseitigt werden, sonst müsste die Schmerzbehandlung wahrscheinlich täglich durchgeführt werden, ohne die Ursachen dabei wirklich beheben zu können.

Um Tiere oder Menschen erfolgreich behandeln zu können, benötigt es nebst der Dreiheit „Absicht-Loslassen-Zulassen" auch viel Demut und eine tiefe geistige Verankerung. In unserer hektischen Gesellschaft ist es daher wichtig, sich täglich einen spirituellen Freiraum zu schaffen, um wieder ins „Hier-und-Jetzt" zu kommen. Unsere Gedanken, auf die wir achten müssen, sollten wieder aus unserem emotionellen Herzen stammen und nicht nur aus unserem Intellekt. Dieser Aspekt ist wichtiger, als man vielleicht meinen könnte, denn ich kann nur Tiere behandeln, die ich liebe, im Sinne einer bedingungslosen Liebe. Wenn ich einem Tier keine Liebe schenken kann, dann kann ich ihm auch nicht die beste Gesundheit wünschen und es daher auch nicht richtig behandeln. Natürlich sollte meine Tierliebe nicht die Liebe des „Besitzers" ersetzen, sondern meine Behandlungsabsicht dem Tier gegenüber sollte mit unpersönlicher Liebe erfüllt sein, denn die Liebe ist die mächtigste Kraft, über die wir verfügen. Dies gilt natürlich auch für Menschen und für Pflanzen.

Zur Tierheilung zu kommen, war ein langer und nicht immer angenehmer Weg für mich. Wäre ich, unter anderem durch meinen Burnout, nicht zum Teil aus der jetzigen Gesellschaft ausgestiegen, hätte ich nie mit einer gewissen inneren Ruhe Zugang zu Herz, Geist und Seele gefunden. Ich würde noch immer versuchen, im „Hamsterrad" vorwärts zu kommen. Der „Große Geist", bemerkend, dass ich völlig blind war für all die Zeichen, die er mir schickte, griff letztlich zur „Holzhammer-Methode", um mich auf den richtigen Weg zu bringen. Für mich stellt Tierheilung mein Schicksal oder meine Vorbestimmung dar. Durch sie kann ich meine wirkliche Bestimmung leben. Jeder Mensch hat seine Aufgabe zu erfüllen, und daher sind alle unsere Wege so verschieden. Es ist nicht immer einfach, sein eigenes Lebensziel zu finden, doch es lohnt sich, seinen spirituellen Weg zu gehen, um dieses Ziel zu erreichen. „Wir sind keine Menschen, die eine spirituelle Erfahrung machen, wir sind spirituelle Wesen, die eine menschliche Erfahrung machen", wusste bereits Pierre Teilhard de Chardin (1881 - 1955).[125]

Als ich beschloss, dass Tierheilungen nun der Inhalt meines Lebens sein würden, tat ich dies nicht aus finanziellen Gründen, und ohne die tatkräftige Unterstützung meiner Frau hätte ich diesen Weg auch nicht einschlagen können. Der Grund lag in meinem Herzen, und die Alternative, in unserer „Leistungsgesellschaft" Leistungen für den Verdienst anderer zu erbringen, hätte wohl zu einem zweiten Burnout mit noch gewaltigeren gesundheitlichen Schäden für mich geführt. Irgendwann war die Entscheidung aber nicht mehr so schwer, wie ich anfänglich dachte, nur der Weg heraus aus den ausgetretenen Pfaden war etwas unangenehm.

Mein Ego wurde etwas durchgerüttelt, denn von einem gutverdienenden (also gesellschaftlich angesehenen) Manager zum ärmlichen Hausmann und „Alternativen" zu werden, steigert nicht unbedingt das Selbstwertgefühl. (Was wird die Familie sagen, was werden die Nachbarn denken ...) Doch wenn mir heute ein Tier für seine Behandlung dankt, indem es seinen Kopf an mir reibt oder mich abschleckt, dann ist mein Ego völlig überschattet von meinem Herzen, und mein Glücksgefühl zeigt mir, dass mein Überbewusstsein erwacht, mein Unterbewusstsein umdenkt und mein Bewusstsein höher schwingt. Es sind die

---

125 Französischer Jesuit, Theologe und Naturwissenschaftler. Er wurde vor allem durch seine spirituelle Evolutionstheorie und seine Synthese von Religion und Wissenschaft bekannt.

kleinen Dinge, die das Leben lebenswert machen, doch viele davon übersieht man, wenn man gestresst ist und nur „funktionieren" muss. Völlig unterschiedlichen Tieren zu begegnen und gleichdenkende Menschen kennen zu lernen und dabei noch Gutes zu tun, sind für mich lebenswichtige Werte. Ich habe das Gefühl, dass ich den kleinen Jungen in mir wieder entdeckt habe und seine Werte in mir erneut erwacht sind. Auch wenn ich äußerlich nicht mehr sehr jung aussehe, mein Herz wird jeden Tag wieder jünger und jugendlicher. Tiere und Menschen – in dieser Reihenfolge – lassen mich ihre Energie spüren, und nun achte ich darauf, was das geistige Leben mir jeden Tag Neues und Gutes bringt. Früher betrachtete ich Begegnungen als interessant oder bereichernd, heute spüre ich die gute Energie von liebevollen Wesen und erfreue mich daran.

Ich wünsche allen Lesern, dass sie ihren persönlichen und sinnvollen Lebensweg finden und ihre geliebten Tiere immer als ihre engverwandten Seelenwesen betrachten. Mögen sie alle immer gesund sein.

Wir sind alle EINS: Ihre Tiere, Sie und ich.

Der Autor

Den Tierheiler finden Sie unter **www.ebvt.ch**
(ebvt = Energetische Behandlungen von Tieren.)
und **www.dertierheiler.ch**

(Ich gebe keine Healing Touch for Animals® (HTA) Kurse, da diese bereits existieren. Da ich selbst, über diese sehr wirkungsvolle Methode hinaus, auch sehr auf meine Intuition höre, wird es auch schwierig, Menschen zu erklären, wie man Energie fühlt oder wie man einen geistigen Hinweis bekommt. HTA kann jeder Mensch erlernen, doch das „Spüren und Fühlen" ist sehr individuell und bleibt wahrscheinlich eine persönliche Gabe.)

Robert W. Haas, Jahrgang 1958, wohnt in einem kleinen Dorf in der Nord-Ost-Schweiz. Als Manager arbeitete er fast zwanzig Jahre in der pharmazeutischen Industrie – bis zum Burnout. Dann entdeckte er seine Gabe und beschloss, erkrankte Tiere mit energetischen Behandlungen zu unterstützen. Er selbst betrachtet sich nicht als „Heiler", sondern als „Behandler". Der „große Heiler" ist jemand anderes, und die wirkliche Heilung kommt schlussendlich vom Behandelten.

„Es werden mehrere Jahrtausende von Liebe nötig sein,
um den Tieren ihr durch uns zugefügtes Leid heimzuzahlen!"

(Franz von Assisi)[126]

---

126 https://www.aphorismen.de/suche?f_autor=1315_Franz+von+Assisi

Danksagung

Ich möchte mich bei vielen außergewöhnlichen Wesen bedanken, dass ich heute der Mensch bin, der ich schon lange sein sollte, dass ich meine Gabe nun entdeckt habe und nutze und dadurch dieses Buch zustande gekommen ist:

· Zuerst möchte ich mich bei all den Tieren bedanken, denen ich auf meinem Lebensweg begegnet bin, und speziell bei denen, die mich auf einem Stück des Weges begleitet haben oder noch begleiten. Ich habe von allen etwas lernen dürfen und von allen viel Liebe bekommen. Jedes dieser wunderbaren Wesen hat einen unlöschbaren Eindruck in meiner Seele hinterlassen und mir jeden Schritt in die richtige Richtung bestätigt. Mein Herz lebt für Euch, meine Geschwister.

· Den Schwestern Maranatha und Josepha danke ich dafür, dass sie mir in schwierigen Zeiten die Augen geöffnet haben, um die alten Pfade zu verlassen und meinen eigenen Weg zu gehen.

· Hardy und Christa Burbaum danke ich dafür, dass sie mir das Tor zur energetischen Welt geöffnet haben. Sie waren der Wegweiser zu meinem neuen Leben.

· Carol Komitor (USA) sowie Ria und Henriëtte Roosendaal (NL) haben mich „Healing Touch for Animals®" gelehrt und mir dabei gezeigt, dass ich für die Energiewelt der Tiere geschaffen wurde. Sie haben mich am Anfang meines neuen Weges begleitet und mir gezeigt, dass dieser Weg wirklich mein Weg ist.

· Ich möchte auch allen Menschen danken, die mich zu ihnen oder ihren Tieren rufen. Jede dieser Begegnungen lehrt mich etwas und zeigt mir, dass Vertrauen heute wirklich noch existiert.

- Katarina und Peter Michel haben mich überzeugt, dieses Buch zu schreiben, um die Tierheilung zu den sensiblen und offenen Menschen zu tragen – für deren Tiere. Ohne ihre Überzeugung und ihre wertvolle und herzliche Unterstützung würde dieses Buch nicht existieren.
- Martin Frischknecht möchte ich danken für seine „Spuren" in meinem Leben, für seine Unterstützung auf meinem Weg und für seine herzliche Einführung zum Tierheiler-Thema.
- Meiner lieben Ehefrau Pascale möchte ich danken für ihre Geduld, ihr Verständnis und ihre Unterstützung in guten sowie in schlechten Zeiten – und dass sie immer noch bei mir ist! Ohne sie würde ich heute noch einfach irgendwo etwas Geld verdienen, ohne den Sinn meines Lebens zu kennen.
- Ohne einen großen Dank an meine Eltern – Rolf und Hannelore – könnte ich diese Liste nicht beenden: Ohne sie gäbe es mich nicht, ohne sie hätte ich niemals solch eine Liebe für Tiere entwickelt und ohne sie hätte ich auch nicht die Kraft und Möglichkeit gehabt, diesen Weg zu gehen.

Literaturverzeichnis

Bücher:

Alexander, E. (2016). *Blick in die Ewigkeit*. München: Wilhelm Heyne Verlag.

Apuzzo, S., D'Ambrosio, M. (2011). *Auch Tiere haben Seelen*. Grafing: Aquamarin Verlag.

Arndt, S., Kriegel, P. (2012). *Tierseelen*. Grafing: Aquamarin Verlag.

Arndt, S., Kriegel, P. (2013). *Wenn Tiere ihren Körper verlassen*. Grafing: Aquamarin Verlag.

Cooper, D. (2011). *Der große Übergang 2012 – 2032*. München: Ansata Verlag (Verlagsgruppe Random House GmbH).

Dossey, L. (2014). *One Mind*. Amerang: Crotona Verlag GmbH.

Dürr, H.-P. (2013). *Es gibt keine Materie!* Amerang: Crotona Verlag GmbH.

Genneper, G., Kamphausen, R. (2016). *Wenn Tiere ihre Menschen spiegeln*. Grafing: Aquamarin Verlag.

Haas, R. W. (2014). *Sind wir fit für die Welt von Morgen?* Hamburg: Windsor Verlag.

Michel, K., Bonanomi, R. (2013). *Wie Heilung ohne Heiler geschieht*. Grafing: Aquamarin Verlag.

Precht, R. D. (2016). *Tiere denken*. München: Wilhelm Goldmann Verlag, Verlagsgruppe Random House GmbH.

Sheldrake, R. (1995). *A new science of life*. South Paris (Maine, USA): Park Street Press

Smedley, J. (2015). *Tiere – Gefährten meiner Seele*. Grafing: Aquamarin Verlag.

Tolle, E., McDonnell, P., (2009). *Tolles Tierleben*. Bielefeld: J. Kamphausen Verlag & Distribution GmbH.

Walker, M. (2014). *Wie Tiere Menschen heilen*. Grafing: Aquamarin Verlag.

Walker, M. (2016). *Wie Tiere Seelen heilen*. Grafing: Aquamarin Verlag.

Warnke, U. (2012). *Quanten Philosophie und Spiritualität*. Berlin – München: Scorpio Verlag GmbH & Co. KG.

Weber, R. (2012). *Alles Leben ist eins*. Amerang: Crotona Verlag GmbH.

Magazine:

Eagleman, D. (2017). *„Die Frage, ob jemand Schuld hat oder nicht, ist sinnlos."* Das Magazin, N° 17 vom 29. April 2017 (Beilage des Tagesanzeigers (Schweiz) vom Samstag 29. April 2017), Interview von David Eaglemann durch Frederik Jötten.

Internet:

Alle in den Fußnoten angegebenen Quellen sind bis Mai 2017 gültig. Danach können der Autor und der Verlag keine Garantie übernehmen, dass diese Webseiten weiterhin bestehen.